Heinrich Kreuser

Leitfaden der Hühnerhaltung

Oertel+Spörer

Bildnachweis:
Titelbild: Dr. Gabriele Lehari
Fa. Bruja: Nr. 33, 35
Fa. Hemel: Nr. 36
Foto Wolters: Nr. 20, 21
H+K-Archiv (Clubmann): Nr. 43
Jaeger & Pfrommer: Nr. 32
Kreuser, Heinrich: Alle übrigen Fotos und Zeichnungen
Loch, Rüdiger: Nr. 19
Muskator-Geflügelbuch: Nr. 47a und b, 57
Pfenningstorff, Fritz: Nr. 29, 30, 31
Stach, Günter: Zeichnungen Nr. 4, 5, 13

Haftungsausschluss:
Die Hinweise in diesem Buch stammen vom Autor.
Es können jedoch keinerlei Garantien übernommen werden.
Eine Haftung des Autors bzw. des Verlages und seiner Beauftragten für Personen-, Sach- und Vermögensschäden ist ausgeschlossen.

Bibliografische Information der Deutschen Nationalbibliothek
Die Deutsche Nationalbibliothek verzeichnet diese Publikation in der Deutschen Nationalbibliografie; detaillierte bibliografische Daten sind im Internet über http://dnb.d.-nb.de abrufbar.

Postfach 16 42, 72706 Reutlingen

Schrift: 9,5/11 pt Times New Roman
DTP und Repro: Raff digital GmbH, Riederich
Druck: Oertel+Spörer Druck und Medien-GmbH+Co., Riederich
Printed in Germany
ISBN 978-3-88627-554-0

Inhalt

Einleitung

Mit diesem Buch möchte ich meine vielfältigen Erfahrungen, die ich in meiner aktiven Zeit in der Berufsgeflügelzucht als Geflügelzuchtgehilfe bzw. Geflügelzuchtmeister sammeln konnte, allen interessierten Hühnerzüchtern und -haltern zugänglich machen, wobei ich es vorwiegend für den Hobby- und Freizeitzüchter geschrieben habe, der seine Tiere auch auf Ausstellungen präsentieren möchte. Aber auch kleinere Hühnerhaltungen, die sich mit der Geflügelhaltung ein Zubrot verdienen möchten, finden sicher wertvolle Anregungen.

Es handelt sich um ein Buch, das ich speziell nur über die Haltung und Pflege von Hühnern geschrieben habe. Es ist also aus der Praxis für die Praxis geschrieben. Ich habe bewusst die Darstellungen so gewählt, dass der Leser anhand von exakten Zahlen genaue Informationen erhält. Ungenaue Formulierungen wurden möglichst vermieden. Ferner habe ich versucht, mich verständlich und ohne Fachchinesisch auszudrücken. Unvermeidliche Fachbegriffe habe ich erklärt. Fotos und Zeichnungen bieten zusätzliche Informationen und sollen bei der Planung sowie beim Bau von Ställen und Geräten helfen.

Das Buch informiert weiter über die Fütterung unserer Hühner vom Küken bis zum ausgewachsenen Tier. In einem weiteren Kapitel sind die wichtigsten Geflügelkrankheiten so erläutert, dass der Leser die für ihn wesentlichen Informationen über die einzelnen Krankheiten mitgeteilt bekommt, ohne dabei zu sehr in die Tiefe zu gehen. Bevor man selbst lange herumexperimentiert, ist es jedoch besser, einen Tierarzt um Rat zu fragen.

Wer sich für die Entstehungsgeschichte unserer Haushühner interessiert, findet auch hierüber einen kurzen Überblick, ebenso über die zurzeit geltenden Rechtsvorschriften, die jeder Geflügelhalter zu beachten hat.

Artlenburg, im August 2006

Heinrich Kreuser

Die Herkunft unserer Haushühner und deren Entwicklung

Schon sehr früh hat der Mensch mit der Zähmung verschiedenster Tiere begonnen. Unter den Geflügelarten spielte das Huhn wohl die wichtigste Rolle. Es steht fest, dass unsere heutigen Hühnerarten aus Indien stammen. Vermutlich schon mehrere Jahrtausende v. Chr. wurde dort das wild lebende Bankivahuhn gezähmt und als Haushuhn gehalten. Von Indien aus soll das Haushuhn dann um das Jahr 1400 v. Chr. nach China gelangt sein; nicht viel später dürfte seine Verbreitung nach Westen erfolgt sein. Von Vorderasien aus gelangte es in die nördlichen Länder Asiens sowie nach Afrika und Europa. Auch wurde schon sehr früh mit der künstlichen Brut der Hühner begonnen. So wird berichtet, dass die Ägypter bereits im Jahre 525 v. Chr. die künstliche Ausbrütung der Hühnereier in erheblichem Umfang betrieben. Schriftsteller aus dem 4. und 5. Jahrhundert geben bereits Beschreibungen der Hühner und ihrer Lebensweise sowie des Ausbrütens der Eier. Sie kennen schon verschiedene Hühnerrassen, berichten von Hahnenkämpfen und erteilen Anweisungen zum Kapaunen (Kastrieren) der Hähne.

In Deutschland muss schon zu Beginn des Mittelalters eine größere Zahl Hühner gehalten worden sein, dies geht aus einem Rechtsbuch aus dem 5. Jahrhundert hervor; dort wird festgesetzt, was als Ersatz für ein gestohlenes Huhn zu zahlen sei. Auch wird berichtet, dass an die Obrigkeit und an die Kirche Zins und Abgaben in Form von Eiern, Hühnern und anderem Geflügel zu entrichten seien.

Weiter geht aus den Aufzeichnungen hervor, dass im Mittelalter zu fürstlichen Hochzeiten nicht selten Tausende von Hühnern geschlachtet wurden. Es wird sogar berichtet, dass der Mörtel von Bauwerken, die eine große Festigkeit aufweisen sollten, wie Kirchen und Brücken, mit Eiweiß angemacht worden sei. Dabei ist zu bedenken, dass die Eierleistung der damaligen Hühner noch nicht so hoch war wie heute.

Zu Zeiten des Dreißigjährigen Krieges, 1618 bis 1648, wurde der Geflügelbestand in unserem Land sehr reduziert. Nach dem Krieg war in großen Landstrichen kein Tier mehr anzutreffen. Dies änderte sich erst in der Mitte des 19. Jahrhunderts. Die Zahl der Hühner hatte sich wieder erholt; jedoch gab man sich mit der Zucht keine große Mühe. Vor allem die Bauern hielten ein buntes Rassegemisch, das sie wahllos miteinander kreuzten. Zu dieser Zeit kamen aber auch die ersten asiatischen Hühner nach Europa, und unter diesen erregten die 1847 nach England gebrachten Cochin durch ihre Größe besonderes Interesse. Bald wurden sie auch nach Frankreich und Deutschland gebracht und gaben den ersten Anstoß zum Beginn einer neuen Rassegeflügelzucht.

Der Begründer der deutschen Rassegeflügelzucht ist Robert Oettel, der am 23. November 1798 in Görlitz geboren wurde und dort auch am 14. März 1884 starb. Robert Oettel gründete am 18. Oktober 1852 den ersten Geflügelzuchtverein in Deutschland. Der Verein bestand zunächst aus 17 Mitgliedern. Der Verein nannte sich „Hühnerologischer Verein“. Es wurden verschiedene fremde Rassen eingeführt, und 1854 fand die erste Geflügelausstellung statt. In den folgenden Jahren erreichte der Verein die stattliche Zahl von über 1.200 Mitgliedern, wovon mehr als 1.000 Auswärtige waren. Später bildeten die auswärtigen Mitglieder dann Zweigvereine, die sich nach und nach selbstständig machten und vom Mutterverein ablösten.

Bei der Gründung des Görlitzer Vereins kannte man nur sechs Hühnerrassen, deren Zahl stieg aber bald. Oettel war es auch, der 1857 die erste Geflügelzeitung herausgab. Sie nannte sich „Hühnerologisches Monatsblatt". Auch schrieb er ein Buch mit dem Titel „Der Hühner- und Geflügelhof", in welchem er sowohl die bis dahin bekannten Rassen als auch die Zucht und Pflege beschrieb. Oettel leitete den Görlitzer Verein bis zu seinem Tode und hatte sich auch sonst in der Geflügelzucht sehr verdient gemacht, weshalb man ihn auch „Vater der deutschen Geflügelzucht" nannte.

In dankbarer Anerkennung seiner Verdienste um die deutsche Geflügelzucht wurde ihm in Görlitz ein Denkmal gesetzt, welches am 14. Juni 1901 enthüllt wurde.

In den Folgejahren wuchs die Anzahl der Vereine rasch an, ja es waren in manchen Gegenden bald schon zu viele. Auch stieg die Anzahl der Fachzeitschriften.

Leider ist in heutiger Zeit wieder eine Umkehr dieser Entwicklung zu verzeichnen. Lediglich in der ehemaligen DDR war bis zur Wende eine rege Geflügelhaltung zu verzeichnen. Dabei wurde das Federvieh sowohl zur Versorgung der Familie als auch zur Freizeitgestaltung gehalten.

1 | Denkmal für Robert Oettel in Görlitz.

Das Vereinsleben war in der DDR sehr stark ausgeprägt und es gab viele Geflügelzuchtvereine mit sehr aktiven Mitgliedern, die jährlich ihre Geflügelausstellungen durchführten.

Nach der Wende, im Jahre 1989, ging aber auch hier die Geflügelhaltung stark zurück. Da die Bevölkerung nun alle Lebensmittel in ausreichender Menge kaufen konnte, fiel der Aspekt der Eigenversorgung weitgehend weg.

Übrig blieben unter den Hobbyzüchtern jetzt nur noch die wirklichen Idealisten.

Auch die Wirtschaftsgeflügelzucht hat einen starken Wandel erfahren. Gegen Mitte des 20. Jahrhunderts setzten sich die aus Amerika kommenden Hybriden immer mehr durch. Es handelt sich hierbei um mit viel Aufwand und Kapital gezüchtete Tiere, die in der Eierleistung weit über den Rassehühnern standen. In den Jahren seit etwa 1970 begann die Massentierhaltung. Einige Großindustrielle bauten riesige „Hühnersilos“, das heißt, sie bauten „Hochhäuser“ mit bis zu 500.000 Hühnern, die nur zum Zwecke der Eiererzeugung gehalten wurden. In den darauf folgenden Jahren entstanden dann Betriebe mit noch größeren Tierzahlen. Diese reinen Legebetriebe werden Ablegebetriebe genannt. Aber nicht nur Ablegebetriebe entstanden, sondern auch riesige Mastbetriebe wurden aus dem Boden gestampft. Viele mittlere und kleine Betriebe gaben nun auf, da der Gewinn stetig sank und keine Wirtschaftlichkeit mehr gegeben war.

Konnte ein Wirtschaftsgeflügelzüchter bis dahin von etwa 2.000 Tieren mit seiner Familie leben, so musste er nun, der veränderten Situation Rechnung tragend, mindestens 15.000 Tiere halten. Diese Situation hat sich bis heute nicht wesentlich verändert. Ich sehe aber, bedingt durch ein kritischeres Verbraucherverhalten, wieder eine leichte Umkehr dieser Entwicklung. Viele Verbraucher bevorzugen wieder Produkte, die aus einer naturnahen Haltung stammen, und sind auch bereit, dafür einen etwas höheren Preis zu zahlen.

Dies könnte auch wieder eine Zunahme der Rassegeflügelzucht und der Vereinsmitglieder bewirken. Unser schönes Hobby dient ja nicht nur dem Vergnügen, sondern der Züchter kann sich, neben den Erfolgen auf den Ausstellungen, auch über selbst erzeugte Produkte wie Eier und Fleisch freuen.

Was man vor der Anschaffung der Tiere beachten sollte

Zu den Grundvoraussetzungen jeder Hühnerhaltung und Zucht gehört eine zweckmäßige Unterbringung der Tiere. Hierzu ist ein guter Stall unerlässlich.

Der Hühnerstallbau

Ein schlechter Stall schadet den Tieren und macht auch dem Züchter keine Freude. Nur wer es versteht, seinen Tieren optimale Haltungsbedingungen zu schaffen, wird auf Dauer Erfolg und Freude damit haben. Man sollte den Stall stets als Ganzes betrachten. Erst wenn alle Komponenten stimmen, kann man von einer guten Unterkunft der Tiere sprechen. Um dies zu erreichen, ist eine Vielzahl von Einzelheiten zu beachten. Zu den wichtigsten Punkten zählen ausreichend Platz, Licht, Luft und die Isolierung.

Doch bevor man nun mit dem Bau beginnt, sollte man sich über die Größe der Stallanlage bzw. über die Zahl der Tiere, die man halten möchte, im Klaren sein. Bei der Bedarfsermittlung für eine mittlere Hühnerrasse kann man 4 Tiere je m^2 zugrunde legen. Zwerghühner und schwere Rassen benötigen etwas weniger bzw. etwas mehr. Ist man sich nicht ganz sicher, sollte man lieber etwas größer bauen. Die Höhe des Stalles berechnet man, indem man für 2,5 Tiere einer mittleren Rasse 1 m^3 Raum zugrunde legt. Auch hier gilt wieder: lieber etwas mehr als weniger. Ich möchte auch nicht unerwähnt lassen, dass die angegebenen Zahlen bezüglich der Stallgröße nur Richtwerte sein können. Zu bedenken ist auch, dass der Stall so geräumig gebaut werden sollte, dass man die Hühner im Winter und zu Zeiten, in denen kein Freilandaufenthalt möglich ist, ohne Weiteres im Stall halten kann. Bei der Stalleinrichtung ist darauf zu achten, dass der Bodenraum als Scharrraum möglichst frei bleibt. Das bedeutet: Alle Einbauten möglichst von der Erde weg. Je kleiner der Stall ist, umso weniger Tiere sollte man je m^2 rechnen; ist der Stall dagegen größer, so könnte man u. U. etwas mehr Tiere je m^2 einplanen. Zu den größeren Ställen würde ich Ställe ab etwa 20 m^2 rechnen. Unter Hühnern mittlerer Größe sind die Rassen Italiener, Leghorn usw. zu verstehen. Der nächste Schritt wäre dann die Erkundigung bei der Baubehörde, ob man den Stall so bauen darf, wie man es plant. Die Bestimmungen können, je nach Standort, unterschiedlich sein; es ist daher nicht möglich, allgemein gültige Angaben zu machen.

Gut überlegen muss man sich den Standort des Stalles. Oft wird der Standort bzw. die Richtung des Stalles vorgegeben sein und man muss sich nach den örtlichen Gegebenheiten richten. Wenn man aber die Möglichkeit hat, zwischen mehreren Standorten auswählen zu können, so ist darauf zu achten, dass der Stall gut zu erreichen ist. Es ist nützlich, wenn man mit dem Pkw direkt an den Stall fahren kann, um z. B. die Tiere für die Schau zu verfrachten. Wichtig ist aber ebenso ein trockener Standort. Orte, an denen sich infolge dichten Baumbestands die Luftfeuchtigkeit lange hält, sollte man daher meiden. Senken, in denen sich Wasser und Kälte sammeln, sind ebenfalls ungeeignet. Die Fenster sollten in Südost- oder Südrichtung angebracht werden. Bei einer

2 | Ein schöner und praktischer Holzstall mit Schlupflöchern in den Auslauf.

Stellung nach Westen ist zu bedenken, dass dies die Wetterseite ist und Wind sowie Regen gegen den Stall schlagen. Die Nordausrichtung ist nach Möglichkeit zu meiden. Nun stellt sich die Frage, aus welchem Material man den Stall bauen soll.

Am besten ist natürlich ein massiv gebauter Stall, der innen verputzt ist. Ein solcher Stall entspricht vor allem den hygienischen Anforderungen, da er leicht und gründlich zu reinigen und zu desinfizieren ist. Wer es realisieren kann, sollte sich daher stets für einen massiven Stall entscheiden.

Gerade in der Rassegeflügelzucht wird man aber aus vielerlei Gründen lieber mit Holz bauen. Ein richtig gebauter Holzstall ist einem gemauerten Stall fast ebenbürtig. Ein nicht zu unterschätzender Vorteil des Holzstalles ist seine Beweglichkeit. Er kann, falls es mal erforderlich werden sollte, auch abgebaut und an einem anderen Standort wieder aufgebaut werden. Beim Massivstall ist dies ja bekanntlich nicht möglich.

Jeder Hühnerstall sollte, egal ob er nun massiv aus Stein gemauert ist oder in Holzbauweise errichtet wurde, gut isoliert sein. Lediglich bei Jungtierställen kann auf eine Isolierung verzichtet werden, da diese meist nur in den Sommermonaten genutzt werden.

Nur in einem ausreichend isolierten Stall kann auch der so wichtige Luftaustausch funktionieren. Nur warme Luft kann Feuchtigkeit in ausreichender Menge aufnehmen und diese dann über die Lüftung nach außen abführen. Bei guter Isolierung ist es leichter, die Einstreu trocken zu halten, was wesentlich zur Gesunderhaltung der Tiere beiträgt.

Bei meinen Ausführungen gehe ich von der in den meisten Fällen üblichen Schwerkraftlüftung aus, das heißt, es findet keine Zwangslüftung mit Ventilatoren statt. Bei der Schwerkraftlüftung ist es deshalb vorteilhafter, einen Stall mit Satteldach zu bauen. So kann man eine Zwischendecke mit Lüftungsvorrichtung einbauen, mit deren

3 | Alternative Konstruktion mit Pultdach.

Hilfe sich die Lüftung gut regeln lässt. Über dieser Zwischendecke können an den beiden Giebelseiten Lüftungsöffnungen angebracht werden, sodass die verbrauchte Luft über der Zwischendecke gut abziehen kann.

Bei dem kostengünstigeren Pultdach ist diese Möglichkeit nicht gegeben, aber auch hier lässt sich mittels Luftführung und Luftklappen ein gutes Stallklima erreichen; die Lüftungsöffnungen müssen hierbei nur anders angebracht werden. Wichtig ist, dass sich die mit Feuchtigkeit beladene, warme Stallluft nicht am Dach abkühlen kann, was dann zur Folge haben würde, dass sich die Feuchtigkeit an den kalten Flächen absetzen würde und so in die Einstreu tropfen kann. Die Isolierung ist also so anzubringen, dass sie direkt unter dem Dach angebracht ist, sodass eine Abkühlung der Abluft im Stall nicht erfolgen kann. Damit das Isoliermaterial an den Wänden und der Decke nicht feucht werden kann und so die Isolierwirkung herabgesetzt wird, ist es durch eine Dampfsperre zu schützen. Die Dampfsperre ist dann zwischen der Innenverkleidung und der Isolierung anzubringen, sodass die feuchte Stallluft nicht in das Isoliermaterial eindringen kann. Um dies zu erreichen, gibt es viele Möglichkeiten. Bei einem Massivstall erfüllt der Putz diese Aufgabe schon weitgehend, aber auch hier ist anzuraten, noch eine zusätzliche Dampfsperre einzubauen. Oft sind die Isoliermaterialien schon mit einer Schutzfolie, z. B. aus Aluminium oder Ähnlichem, versehen, um den Dampfschutz zu gewährleisten. Ist dies nicht der Fall, kann man eine Kunststofffolie für diesen Zweck verwenden. Im Baustoffhandel gibt es hierfür spezielle Folien. Als Innenverkleidung können Span-, Sperrholz-, Hartfaser- und andere Holzplatten verwendet werden. Hartfaserplatten haben allerdings den Nachteil, dass sie leicht bauchig werden. Wichtig hierbei ist, dass möglichst wenig Ritzen entstehen, die als Unterschlupf für Ungeziefer, wie Rote Vogelmilbe, Flöhe usw., dienen könnten. Aus diesem Grunde möchte ich Bretter als Innenverkleidung nicht empfehlen.

Was die Isolierstoffe selbst angeht, so gibt es im Baustoffhandel verschiedene Materialien. Die bekanntesten sind aber wohl Styropor, Glaswolle, Steinwolle und Ähnliches Das Isoliermaterial sollte aber unbedingt so verarbeitet werden, dass die Tiere es nicht anpicken können, was besonders für Styropor gilt. Dieser Werkstoff zieht die Hühner förmlich an und wird besonders gern gefressen. Dies schadet den Hühnern zwar nicht, aber es zerstört die Isolierung,

An die Isolierung sollte auch eine Mindestanforderung an die Wärmedurchgangszahl = k-Wert gestellt werden.

Bei unserem hiesigen Klima sollte man für die Decke einen k-Wert von 0,5 bis 0,6 und für den Fußboden sowie die Wände einen k-Wert von 0,7 bis 0,8 anstreben (je geringer die Zahl, desto besser). Besonderes Augenmerk erfordern auch die Fenster und Türen.

Hier die k-Werte einiger Materialien:

– Einfache Bretter, 24 mm dick	3,1
– Bretter, 30 mm dick	2,8
– Bretter, doppelt, 24 mm, mit 40 mm Luft	1,6
– Fenster, einfach verglast	4,5

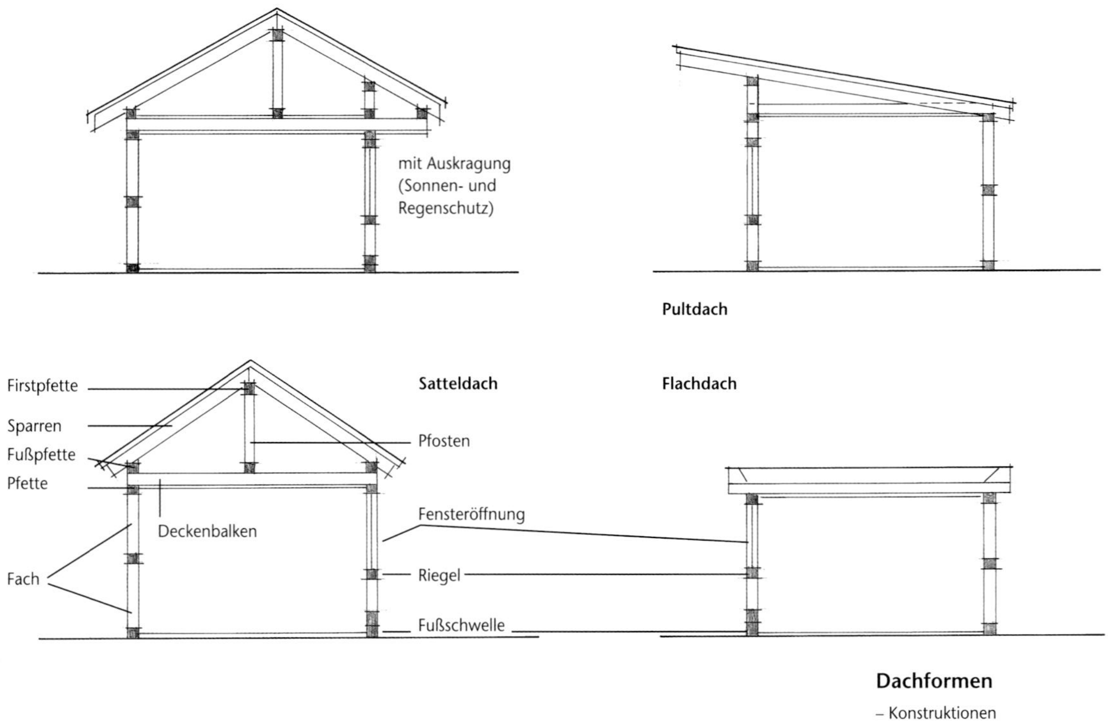

4 | Dachform-Konstruktionen (Zeichnung: Günter Stach).

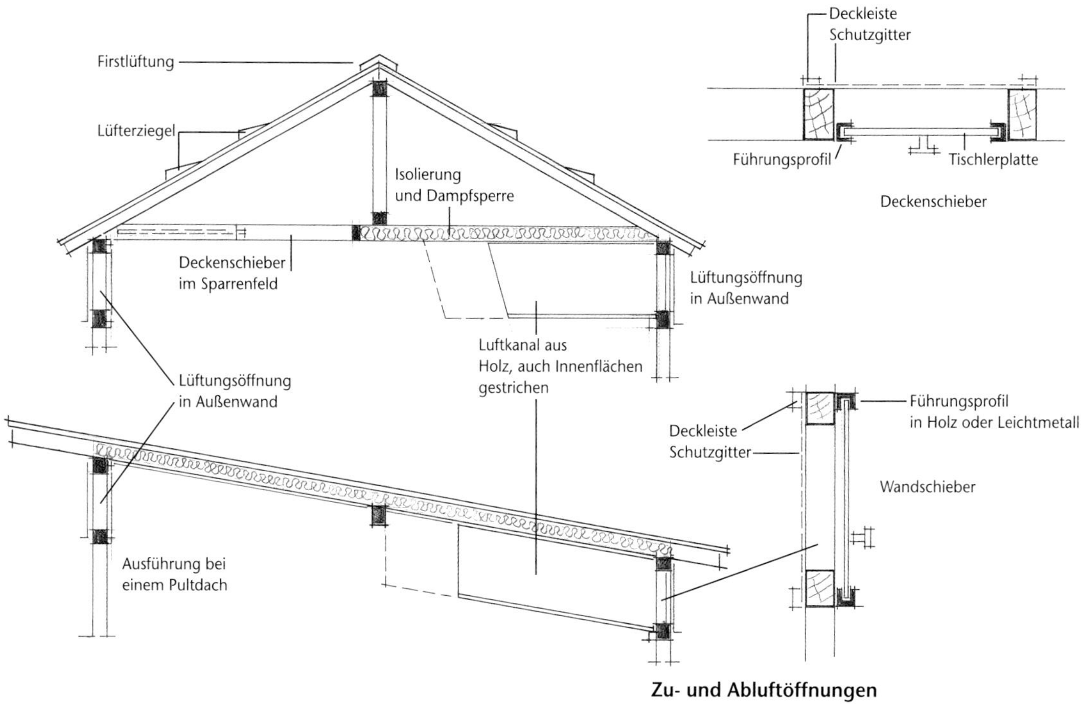

5 | Zu- und Abluftöffnungen bei verschiedenen Konstruktionen (Zeichnung: Günter Stach).

Wie unschwer zu erkennen ist, liegt eine besondere Schwachstelle bei einfach verglasten Fenstern. Es ist also unbedingt zu überlegen, ob man nicht besser Fenster mit Isolierverglasung verwendet. Die Fensterfläche sollte in der Regel 20 bis 25 Prozent der Bodenfläche nicht überschreiten.

Um die geforderten k-Werte zu erreichen, ist eine Isolierung mit 40 bis 50 mm Steinwolle für die Wände und etwa 80 mm Steinwolle für die Decke erforderlich.

Damit der Stall besser sauber gemacht und desinfiziert werden kann, empfehle ich unbedingt, einen Zementfußboden zu verwenden. Um das Schwitzen des Zementfußbodens weitgehend zu vermeiden, sollte dieser ebenfalls mit 50 mm trittfestem Styropor isoliert werden. Diese Isolierung ist zum Schutz vor Beschädigungen als sogenannter schwimmender Estrich zwischen zwei Betonschichten zu platzieren.

Die Stalltüren sollten in ihrer Größe den Arbeitsbedingungen angepasst werden, das heißt, man sollte sie so wählen, dass man gegebenenfalls auch mit einer Schubkarre in den Stall fahren kann.

Sollte ein Zementfußboden nicht ausgeführt werden können, ist darauf zu achten, dass keine Schadnager in den Stall kommen können, um dort ihr Unwesen zu treiben. Zu diesem Zweck hat sich engmaschiges Drahtgeflecht, das man bis zu einer Tiefe von 80 cm senkrecht eingraben sollte, gut bewährt. Hierbei ist unbedingt auf gute Qualität zu achten, damit die Schutzwirkung auch über viele Jahre hinweg gewährleistet ist.

Damit unsere Hühner in den angrenzenden Auslauf gelangen können, benötigt der Stall eine Auslaufklappe. Diese sollte so angebracht sein, dass auf keinen Fall der Wind durch sie in den Stall pusten kann. Ein vor der Klappe angebrachter Windfang kann

6 | Auch bei Haltung in Volieren ist auf eine Beschattung zu achten.

dies verhindern. Die Klappe sollte so konstruiert sein, dass sie sich nicht unbeabsichtigt schließen kann. Sehr zu empfehlen ist ein automatischer Schieber, der selbsttätig öffnet und schließt.

Ausdrücklich empfehlen möchte ich jedem Züchter, in den Stall elektrische Beleuchtung und einige Steckdosen zu installieren. Die Beleuchtung hilft dem Züchter durch die künstliche Verlängerung des Tages in der dunklen Jahreszeit und die Steckdosen benötigt man, um elektrische Geräte betreiben zu können und im Winter die Tränkenwärmer anzuschließen.

(Als gute Anleitung für den Stallbau sei das Buch von Günter Stach empfohlen: Geflügelställe und Ausläufe; ebenfalls erschienen bei Oertel+Spörer in Reutlingen.)

Oft bietet sich die Möglichkeit, vorhandene Gebäude nach entsprechendem Umbau als Hühnerstall zu nutzen.

7 | Sitzstangen mit Kotwanne.

Die Stalleinrichtung

Zur Inneneinrichtung unseres Stalles möchte ich sagen, dass der Züchter den Stall weitgehend nach seinem Geschmack einrichten kann. Einige Regeln sollte er jedoch beachten. Die Sitzstangen z. B. sind so zu bemessen, dass den Tieren genügend Platz zur Verfügung steht. Um dies zu gewährleisten, muss man fünf Tiere auf einen Meter Sitzstange rechnen. Der Abstand der einzelnen Stangen zueinander sollte 35 cm betragen. Als Wandabstand genügen 30 cm. Damit die Tiere einen sicheren Halt haben, sollte die Breite 5 bis 6 cm nicht unterschreiten. Die oberen Kanten sollten abgerundet sein. Ein immer wieder festzustellender Fehler ist, dass die Sitzstangen festgenagelt werden. Ein leichtes Abnehmen ist dann nicht mehr möglich; zur Ungezieferbekämpfung ist dies jedoch unbedingt erforderlich. Die Sitzstangen werden entweder in ein U-förmiges Lager gelegt oder lose in einen Metallstift gesteckt. Bei Letzterem bohrt man ein Loch in die Sitzstange, das später den Stift (Nagel ohne Kopf) aufnehmen kann. So angebrachte Stangen sind leicht von allen Seiten zu reinigen. Da Hühner die Angewohnheit haben, immer auf den höchsten Stellen sitzen zu wollen, sollten die Stangen alle in einer Höhe angebracht sein. Das allabendliche Gerangel um die höchsten Plätze wird dadurch vermieden.

Unter den Sitzstangen wird entweder ein Kotbrett oder ein Kotkasten angebracht. Damit die Tiere nicht mit dem Nachtkot in Berührung kommen können, sollte man einer Kotgrube den Vorzug geben.

8 | Neben Futter muss für die Junghennen auch stets ausreichend Wasser zur Verfügung stehen.

Weiter gehören zur Stalleinrichtung noch eine Tränk- und Futtermöglichkeit sowie ausreichend Legenester.

Die Tränke ist so aufzustellen, dass sich die Oberkante der Tränkrinne in Rückenhöhe der Tiere befindet, so wird eine Verschmutzung wirksam verhindert. Ein besonderes Augenmerk ist auch auf das Spritzwasser zu richten: Falls es unter der Tränke zu nass wird, sollte man eine Vorrichtung anbringen, die dieses Spritzwasser auffängt. Bei den Tierzahlen, die in der Hobbyzucht pro Stamm gehalten werden, ist in der Regel eine Tränke ausreichend. Man rechnet im Allgemeinen für zehn Tiere eine Tränke mit fünf Litern Fassungsvermögen, denn wenn es im Sommer recht warm ist, kann ein Wasserbedarf von 500 ml pro Tier durchaus realistisch sein. Als Tränken eignen sich Stülptränken, Zylindertränken oder automatische Tränken.

Die erforderlichen Futtertröge sollten auf keinen Fall direkt in die Einstreu gestellt werden, sondern sie sind, genau wie die Tränke, etwas erhöht aufzustellen. Bei leichten und mittelschweren Rassen ist es kein Problem, wenn die Tröge in einer Höhe von 50 bis 60 cm angebracht werden. In diesem Falle sind allerdings an jeder Seite Sitzgelegenheiten anzubringen. Bei dieser Art der Aufstellung erhält man mehr Scharrraum für die Tiere. Auch ist es möglich, die Futtertröge von der Decke herabhängend anzubringen.

Das Wasser sollte nicht zu dicht neben den Futtertrögen stehen, damit kein Spritzwasser in das Futter gelangen kann. Eine Möglichkeit ist, Futter und Wasser auf die Kotgrube zu stellen, aber auch hier ist darauf zu achten, dass Futter und Wasser nicht verunreinigt werden.

Pro Tier rechnet man etwa 12 cm Troglänge – anders ausgedrückt: Alle Tiere sollen gleichzeitig fressen können. Ausreichend Futterplatz verhindert, dass einzelne Tiere abgebissen werden. Wenn man Futterautomaten

9 | Offene Nester in Reihenbauweise.

10 | Werden die Kotkästen hochgesetzt, vergrößert das den Scharrraum.

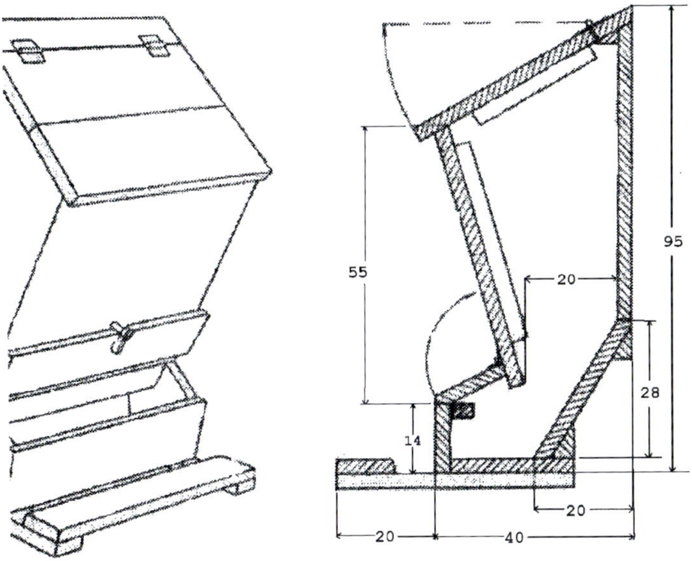

11 | Konstruktionszeichnung eines Futterautomaten (Zeichnung: Heinrich Kreuser).

12 | Ein auf Tischlerplatten gefertigtes Legenest. Die Anflugleisten müssen noch angebracht werden.

einsetzen möchte, sollte man bedenken, dass Mehlfutter oftmals sehr schlecht nachrutscht. Es ist anzuraten, bei jedem Betreten des Stalles mit der Hand gegen den Automaten zu klopfen, damit das Futter nachrutscht, und um zu verhindern, dass die Tiere ohne Futter sind, wenn dieses für eine gewisse Zeit im Automaten hängen bleibt. Verhindern kann man das, indem man Presskorn (Pellets) füttert, da dieses Futter einwandfrei nachrutscht.

Nun gehören noch Legenester in den Stall. Man rechnet für je fünf Tiere ein offenes Nest oder für drei Tiere je ein Fallennest. Wer es sich zeitlich leisten kann, sollte sich gleich für Fallennester entscheiden. Es ist nicht unbedingt erforderlich, dass ständig kontrolliert wird, aber wenn man es möchte, hat man die Möglichkeit dazu. Wenn man mal nicht kontrollieren möchte, kann man die Klappen ja einfach hochbinden. Die Nester sind mit hochklappbaren Anflugleisten und einem schrägen Dach zu versehen. Dadurch kann verhindert werden, dass sich die Tiere in der Nacht auf die Nester setzen und diese bekoten.

Der Auslauf und seine Pflege

In der Rassegeflügelzucht ist es allgemein üblich, dass die Hühner auch Auslauf bekommen. Unbedingt erforderlich ist dies jedoch nicht. So ist z. B. in den Wintermonaten anzuraten, die Tiere ganz im Stall zu lassen. Wenn man außerdem, wie später beschrieben, den Tieren zusätzliche Beleuch-

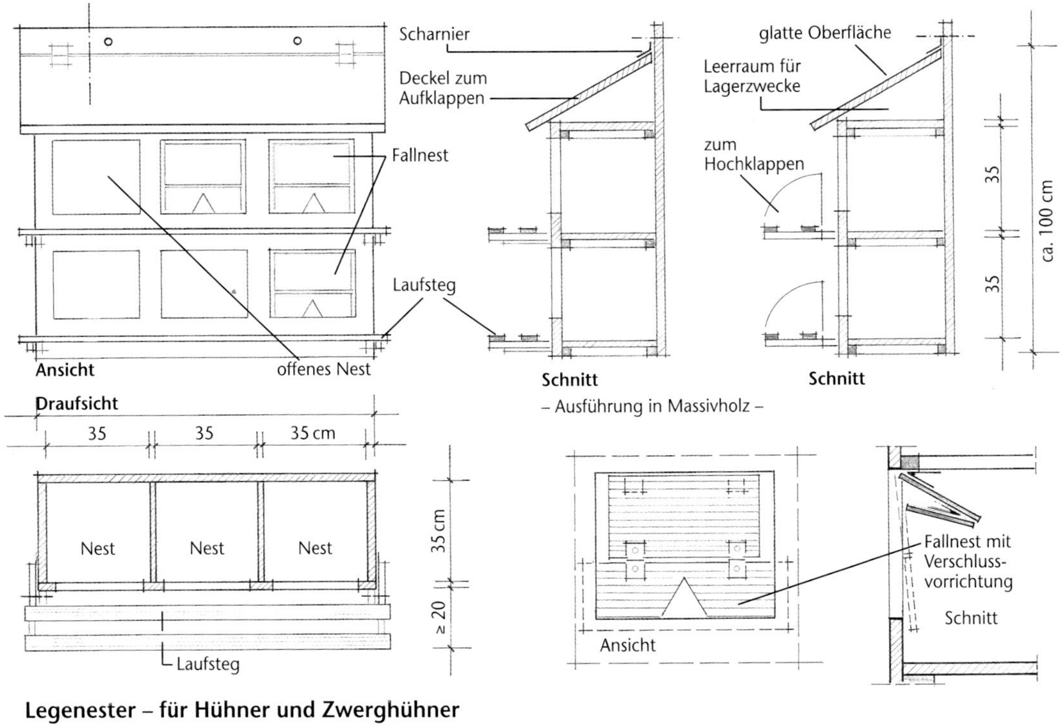

13 | Legenester-Konstruktionszeichnung für Hühner und Zwerghühner (Zeichnung: Günter Stach).

14 | Schön begrünter Auslauf mit Schatten spendendem Baum.

tung gibt, hat man auch im Winter Eier und im zeitigen Frühjahr Bruteier. Es bereitet aber Tier und Mensch mehr Freude, wenn ein Auslauf vorhanden ist und die Tiere diesen nutzen können. Sie sind dann immer an der frischen Luft und durch die Aufnahme von Gras und Insekten wird auch noch der Futterverbrauch gesenkt.

Beachten Sie die Verordnung des jeweiligen Veterinäramtes bezüglich der Aufstallpflicht.

Wer ein großes Grundstück hat, braucht unter Umständen keine Einzäunung. Sollen die Tiere aber in einem begrenzten Raum bleiben, so muss eine Einzäunung errichtet werden. Auch an mögliche Feinde des Geflügels sollte man denken, besonders an die Raubvögel, die einen beträchtlichen Schaden anrichten können. Haben sie sich erst einmal eingeflogen, so holen sie ein Tier nach dem anderen weg. In solchen Fällen ist es unbedingt erforderlich, den Auslauf zusätzlich mit einem Netz zu überspannen. Entsprechende Kunststoffnetze werden in den Geflügelzeitschriften angeboten. Die Anschaffung ist zwar nicht ganz billig, aber man hat dann auch für viele Jahre seine wertvollen Tiere geschützt. Hierzu gibt es auch keine Alternativen, denn alle anderen „Abwehrmaßnahmen" sind nur kurze Zeit wirksam, denn dann werden sie von den Raubvögeln als harmlos eingestuft und ignoriert.

Um den Auslauf möglichst grün zu erhalten, sollte eine Überbesetzung vermieden werden. Es ist daher erforderlich, dass eine Besatzdichte von 10 m² je Tier nicht eingeschränkt wird. Kann diese Größe nicht eingehalten werden, dann haben sich Wechselausläufe gut bewährt. Eine ande-

15 | Die Zaunhöhe soll der jeweiligen Flugfähigkeit der Rasse angepasst sein.

re Möglichkeit, das Kahlfressen des Auslaufs zu verhindern, wäre z. B., dass man die Tiere nur zeitweise in den Auslauf lässt, wobei aber unbedingt auf eine gewisse Regelmäßigkeit zu achten ist. Gerade bei Hühnern wirkt sich jede Unregelmäßigkeit so-

16 | Erhöht aufgestellte Stallungen bieten darunter auch noch Nutzräume.

fort negativ auf die Legeleistung aus. Gibt man den Tieren gegen Abend den Auslauf frei, so gehen sie auch bei Dämmerungsbeginn selbstständig wieder in den Stall zurück. Man erspart sich also das lästige Hineintreiben. Eine Alternative dazu wäre das Locken und Füttern der Tiere mit Körnern im Stall. Die Tiere gewöhnen sich sehr schnell an die Futterzeiten und warten zu diesen Zeiten schon ungeduldig im Stall.

Für die heißen Tage des Jahres sollten Schattenspender im Auslauf sein. Als Schattenspender eignet sich eine lebende Hecke, die man am Zaun entlang pflanzen kann. Eventuell kann man eine überdachte Futter- und Wasserstelle anbieten. Das Wasser muss aber täglich gewechselt und die Tränke ausgebürstet werden, da die Tränke im Auslauf besonderen Verunreinigungen und der Wärme ausgesetzt ist.

Bisher bin ich davon ausgegangen, dass es sich um einen schon mit Gras bewachsenen Auslauf handelt. Muss man den Auslauf aber erst noch mit Gras einsäen, so sollte man eine strapazierfähige Mischung, wie sie etwa auf Sportplätzen oder Tiergärten verwendet wird, ansäen. Nachdem man den Boden für die Aussaat hergerichtet und das Gras eingesät hat, ist es ganz wichtig, dass der Boden mit einer Walze oder Ähnlichem etwas verdichtet wird, damit das neue Gras schon eine Grundfestigkeit erhält. Auch sollte man das neue Gras einige Male abmähen, bevor man die Tiere darauf lässt, denn gerade neu angesäte Flächen können von den Hühnern leicht wieder zerstört werden. Ein Auslauf muss auch regelmäßig gedüngt werden, denn es ist ein Irrtum zu glauben, dass der Kot der Hühner zur Düngung ausreichend sei. Man lasse sich hierüber am besten von einem Gartenfachmann beraten.

Der zur Verfügung gestellte Auslauf sollte auch möglichst quadratisch sein, denn ein langer schmaler Auslauf wird von den Tieren nicht ganz genutzt, da die Tiere sich nur in einer bestimmten Entfernung vom Stall bewegen. Eine gleichmäßige Beweidung wäre unter diesen Umständen dann nicht möglich. Ist ein solch schmaler Auslauf aufgrund der Gegebenheiten des Grundstücks unvermeidbar, muss man nach anderen Lösungen suchen, um die Zerstörung der Grasnarbe zu verhindern. Eine Möglichkeit wäre, den Auslauf quer zu unterteilen und die Tiere über einen Kanal in den hinteren Teil des Auslaufs zu leiten. Auf diese Weise erhält man Wechselausläufe. Es ist unbedingt darauf zu achten, dass der Auslauf frei von Unkräutern bleibt. Sollte vor der Aussaat ein starker Bewuchs mit Quecke vorhanden sein, sollte man sich überlegen, ob man vor der Graseinsaat erst einmal Kartoffeln anpflanzt. Kartoffeln sind in der Lage, den Unkrautbewuchs durch ihr schnelles und dichtes Wachstum zu unterdrücken. Dass in jeden Auslauf eine Tür gehört, brauche ich wohl nicht extra zu erwähnen. Diese Tür sollte mindestens 70 cm breit sein, damit man mit einer Schubkarre hindurchfahren kann.

Soll der Auslauf von den Hähnen mitgenutzt werden, so ist für Aufsitzmöglichkeiten zu sorgen, die dann, wenn sich die Hähne jagen, als Fluchtmöglichkeiten genutzt werden können. Wenn keine natürlichen Aufsitzmöglichkeiten vorhanden sind, so kann man solche mit ein paar Stangen oder Latten leicht herstellen. Die Aufsitzmöglichkeiten sollten eine Höhe von etwa 1,50 bis 2,00 m haben. Was die Stärke der Stangen angeht, so orientiere man sich an den Stallsitzstangen.

Züchter, die nicht die Möglichkeit haben, ihren Tieren einen mit Gras be-

17 | Im Hähneauslauf bieten Aufbäummöglichkeiten Rückzugsbereiche für verfolgte Hähne.

wachsenen Auslauf zur Verfügung zu stellen, können ihre Tiere auch in einer Voliere halten. Es sollte aber darauf geachtet werden, dass die Voliere überdacht ist. Nur in einer Voliere mit trockenem Boden kann man seine Tiere gesund erhalten. Ein nasser oder feuchter Volierenboden bietet ideale Bedingungen für Kokzidien, Wurmeier und andere Krankheitserreger.

Welche Rasse soll ich züchten?

Nachdem man die Frage über den Stall und den Auslauf geklärt hat, stellt sich nun die Frage nach der richtigen Rasse.

Hierbei ist der zur Verfügung stehende Platzbedarf auch wieder ein entscheidender Faktor. Hat man ausreichend Platz, kann man eine große Rasse züchten, sollte dies jedoch nicht der Fall sein, ist es besser, wenn man sich Zwerghühner anschafft. Auch ist der Pflegebedarf der einzelnen Rassen sehr unterschiedlich, so benötigen z. B. federfüßige Tiere etwas mehr Pflege und eine sauberere Umgebung als glattbeinige Tiere. Jeder kann sich leicht ausmalen, wie es aussieht, wenn solche Hühner Kot oder Erde an den Latschen (so nennt man die Federn an den Beinen) haben. Die Ställe für diese Tiere müssen also immer besonders gut eingestreut sein und benötigen etwas mehr Platz. Ist dies nicht gewährleistet, sollte man sich lieber eine andere Rasse aussuchen. Auch gibt es lebhafte und weniger lebhafte Rassen, die auch mehr oder weniger krähen. Letzteres kann unter Umständen in einer eng bewohnten Siedlung zu Problemen mit den Nachbarn führen. Ein persönliches Gespräch mit einem erfahrenen Züchter oder eigene Beobachtungen können bei der Wahl der geeigneten Tiere sehr nützlich sein. Leichte Rassen fliegen gern, sie benötigen daher einen größeren Auslauf. Wenn man einen kleineren Auslauf hat und die Tiere diesen nicht überfliegen sollen, so schaffe man sich eine etwas schwerere Rasse an. Zu den flugfreudigen und leichten Rassen zählen z. B. Italiener, Leghorn oder Rheinländer. Es kommt natürlich auch etwas auf die Gegebenheiten des Auslaufs an. Befinden sich im Auslauf Obstbäume, so werden diese u. U. noch zusätzlich als „Flughilfe“ benutzt.

New Hampshire, Barnevelder, Wyandotten, Rhodeländer z. B. überfliegen dagegen kaum einmal einen Zaun. Auch sind diese etwas schwereren Rassen im ganzen Wesen ruhiger als leichte Rassen und lassen sich leichter

18 | Beliebte Zuchtrasse: Italiener. Hier 0,1 rosenkämmig, goldfarbig (E. Meckenstock, Ratingen).

19 | Beliebte Zuchtrasse: 1,0 New Hampshire, goldbraun (R. Loch, Bruchmühlbach).

zähmen. Hat man aber einen Auslauf mit einem 2 m hohen Zaun, der auch noch mit einem Netz gegen Raubvögel und Überfliegen gesichert ist, so haben die lebhafteren leichten Rassen aber auch durchaus ihren Reiz und können den Zaun nicht überfliegen. Leichte Rassen nutzen einen großen Auslauf meist besser und sind auch fleißige Futtersucher.

Beim Kauf der Tiere ist es von Vorteil, wenn der Züchter der Tiere nicht zu weit entfernt wohnt. So kann man sich die Tiere dann persönlich ansehen und mit dem Züchter ein ausführliches Gespräch führen.

Eine gute Adresse ist auch der örtliche oder nahe Geflügelzucht- oder Kleintierzuchtverein, welcher dem Anfänger selbstverständlich gern mit Rat und Tat zur Seite steht. Solche Vereine haben sehr viele erfahrene Züchter, die einem gern helfen.

Ist man sich bereits schlüssig, welche Rasse man züchten möchte, so steht die Frage an: Soll ich mir ausgewachsene Tiere kaufen oder lieber mit Küken oder Bruteiern anfangen? Dies ist nicht zuletzt auch eine Frage des Geldes. Ausgewachsene Tiere sind natürlich teurer als Bruteier oder Küken. Ich persönlich habe in meiner Jugend mit einer Zwerghenne, die ich von meiner Großmutter geschenkt bekommen hatte, angefangen. Als diese Zwerghenne dann anfing zu glucken, habe ich ihr Bruteier von großen Hühnern, damals kennfarbige Italiener, untergelegt und diese ausbrüten lassen. Möchte man jedoch schon gleich ausgewachsene Tiere im Stall haben, kauft man sich diese am besten, wie schon angeführt, bei einem Züchter in der näheren Umgebung. Auch auf einer Geflügelausstellung kann man gute Tiere erwerben. Beim Kauf auf Geflügelmärkten sollte man dagegen vorsichtig sein, da hier oft minderwertige Tiere angeboten werden.

Besonderen Wert sollte man auf die Gesundheit der Tiere legen. Auch auf Ungeziefer ist zu achten. Hat man sich nämlich gleich mit den ersten Tieren Ungeziefer in den Stall geschleppt, so bekommt der Anfänger dieses nur sehr schwer wieder aus dem Bestand heraus. Insbesondere Flöhe und Federlinge halten sich sehr hartnäckig in den Beständen. Entdeckt man auf den Tieren Ungeziefer, sollte man sie unter keinen Umständen kaufen. Leider kommt es auch auf Ausstellungen immer mal wieder vor, dass solche Tiere ausgestellt und verkauft werden.

Ungeziefer ist den Tieren äußerlich nicht unbedingt auf den ersten Blick anzumerken, deshalb sollte man sich die Tiere ruhig etwas genauer ansehen

20 | 0,1 Leghorn, weiß
(W. Rohlfing, Minden).

und auch mal gegen den Strich durch die Federn streichen, um auf der Haut laufendes Ungeziefer zu sehen. Federlinge sind etwas leichter zu erkennen als Flöhe. Da Federlinge unter anderem am After Nahrung aufnehmen, haben sie dort auch ihre Nissen an den Federkielen befestigt. Man braucht also nur mal in die Federn am After zu pusten, um die Federlinge laufen zu sehen und auch um die Nissen zu entdecken, die sie an den Federkielen angeheftet haben. Ebenso sollte man vorsichtig sein, wenn die Althennen kahle Stellen im Gefieder aufweisen. Gewiss, es kann auch bei einem guten Züchter schon mal vorkommen, dass eine Henne mit kahlen Stellen auf dem Rücken in der Herde der Althennen ist, es dürfen aber nicht zu viele sein, denn dann stimmt irgendetwas nicht.

Es ist auch nicht unbedingt erforderlich, dass man sich nur hoch bewertete Tiere auf der Ausstellung kauft, denn es ist nicht sicher, dass diese Tiere diese Veranlagung auch an ihre Nachkommen weitergeben. Vielmehr ist es ratsam, sich ein Gesamtbild der Tiere des betreffenden Züchters zu machen. Wenn das Gesamtbild der Tiere dann positiv ist, kann man bedenkenlos von diesem Züchter Tiere oder Bruteier kaufen. Ich möchte auch auf keinen Fall den Eindruck erwecken, dass Krankheiten und Ungeziefer unter den Tierbeständen der Züchter weit verbreitet seien; dem ist beileibe nicht so. Die meisten Züchter, besonders wenn sie einem Verein angehören, sind echte Tierfreunde und betreuen ihre Tiere mit sehr viel Liebe und Hingabe. Entsprechend sind auch die Tiere solcher Züchter gesund und frei von Krankheiten und Ungeziefer.

Wer bei einem guten Züchter seine Tiere kauft, wird auch viel Freude und Erfolg damit haben.

Das Hybridhuhn

Etwa um 1950 herum wurden die aus Amerika stammenden Hybridhühner auch in Deutschland in der Wirtschaftsgeflügelzucht immer mehr eingesetzt.

Durch aufwendige Zuchtverfahren gelang es einigen Züchtern, vornehmlich in den USA, eine planmäßige Blenderzucht zu betreiben. Unter Blendern versteht man Tiere, die selbst hervorragende Leistungen bringen, diese aber nicht an ihre Nachkommen weitergeben können. Für die Hybridzucht werden spezielle Elterntiere benötigt, die dann das „Endprodukt“, nämlich die Hybridhenne, erzeugen. Von diesen Hybridhennen sollte man aber nicht nachziehen, da die positiven Eigenschaften bei den Nachkommen sich aufspalten und nur wenige von ihnen die erwünschten Eigenschaften besitzen.

Hybridhennen gibt es, je nach Bezeichnung und Bedarf des Halters, als weiße und braune Eierleger.

In der Wirtschaftsgeflügelzucht sind die Hybriden heute nicht mehr wegzudenken. Der wirtschaftlich orientierte Hobbyzüchter kommt an Hybridhennen nicht vorbei.

Rassegeflügel wird niemals derart hohe Eierleistungen erbringen können.

Fütterung der Hühner

Jeder Züchter freut sich, wenn sein Rassegeflügel auch eine befriedigende Eierleistung erbringt. Dies steht in keiner Weise im Widerspruch zur Rassegeflügelzucht.

Grundvoraussetzung dazu ist allerdings eine richtige Fütterung. Die Tiere dürfen auf keinen Fall fett gefüttert werden, denn fette Hühner legen nur wenige Eier, die dann u. U. als Bruteier fehlen könnten. Ebenso kann eine Unterernährung fatale Folgen haben. Um Fütterungsfehler auszuschließen, ist es am einfachsten, fertige Futtermischungen zu geben, wie sie im Futtermittelhandel erhältlich sind. In diesem Futter ist alles enthalten, was die Tiere benötigen, um gute Legeleistung und befriedigende Brutergebnisse zu erzielen; alles ist optimal auf die Bedürfnisse unserer Hühner abgestimmt. Da die im Futter enthaltenen Vitamine durch Stabilisatoren für drei Monate haltbar gemacht wurden, ist darauf zu achten, dass das Futter nicht zu alt ist oder wird. Ebenfalls ist darauf zu achten, dass das Futter trocken gelagert wird, damit es nicht schimmelt. Kommt es doch einmal vor, dass etwas verdirbt, sollte man es nicht mehr verfüttern, sondern für die Tiere unerreichbar vernichten.

Jeder Züchter sollte nach Möglichkeit seine Tiere an feste Fütterungszeiten gewöhnen.

Bei der Art der Fütterung gibt es verschiedene Methoden. Möchte man z. B. eigenes Getreide mitverwenden, so kann man die kombinierte Fütterungsmethode wählen. Alternativ hierzu gibt es die Alleinfütterung.

Bei der kombinierten Fütterung wird Legemehl oder Legekorn (Legekorn ist zu Pellets gepresst und sollte nicht mit Getreidemischung verwechselt werden) zur freien Verfügung gereicht: abends je nach Rasse (schwere oder leichte Hühner) 30 bis 50 g Körner je Tier. 50 g rechnet man für eine leichte Rasse wie etwa Leghorn, Italiener usw. Für Zwerge höchstens 30 g. Schwere Rassen wie z. B. Orpington können etwas mehr bekommen. Jeder Züchter muss jedoch das richtige Maß, speziell für seine Rasse, selbst herausfinden. Bei Legemehl rechnet man etwa 80 bis 100 g je Tier und Tag.

Man sollte so füttern, dass die Tiere das Legemehl/Legekorn bis zur nächsten Fütterung fast völlig aufgefressen haben. Bleibt zu viel Futter im Trog übrig, besteht die Gefahr, dass es verstaubt und die Tiere es dann nicht mehr fressen. Ganz lässt es sich aber wohl nicht vermeiden, dass etwas im Futtertrog liegen bleibt. Alle paar Tage kann man dieses Restfutter in einen

Eimer schütten und, mit etwas Wasser angefeuchtet, wieder verfüttern. Die Tiere fressen es dann wieder sehr gern.

Achtung: Es darf jedoch kein Matsch werden, es soll nur etwas feucht sein. Es sollte nur so viel Weichfutter gegeben werden, dass die Tiere es in etwa 15 bis 30 Minuten aufgefressen haben, da sonst die Gefahr besteht, dass es sauer wird.

Körner, die bei der kombinierten Fütterungsmethode am besten abends gegeben werden, können in die Einstreu oder im Auslauf auf den sauberen Boden gestreut werden. Eine Hand voll Körner, die man in den Auslauf wirft, ist auch zum Anlocken der Tiere bei Bedarf bestens geeignet.

Wer aus zeitlichen Gründen seine Tiere nicht kombiniert füttern kann oder möchte, kann auf die Alleinfütterung zurückgreifen.

Alleinfutter wird ohne Körnerzugabe gefüttert. Entsprechend beträgt die Tagesration etwa 110 bis 150 g. Es sollte in Trögen zur freien Aufnahme und in ausreichender Menge den Tieren ge-geben werden. Alleinfutter kann man als Mehl oder zu Pellets gepresst erhalten.

Legemehl/Legekorn sollte stets in Trögen oder anderen geeigneten Gefäßen gereicht werden, die so aufzustellen sind, dass das darin befindliche Futter nicht durch Einstreu oder Erde verschmutzt werden kann.

Trinkwasser ist ebenfalls in geeigneten Gefäßen bereitzustellen und so aufzustellen, dass es nicht verschmutzt werden kann.

Ferner ist anzuraten, in einem gesonderten Gefäß den Hühnern auch Muschelschrot zur beliebigen Aufnahme zur Verfügung zu stellen. Muschelschrot wird von den Hühnern zur Ausbildung einer festen Eischale benötigt. Steinchen, die die Hühner für die Verdauung benötigen, finden die Tiere meist schon im Auslauf. Sollte dies nicht der Fall sein, kann man ihnen diese in Form von einfachem Kies (1 bis 4 mm) oder auch als Grit zur Verfügung stellen.

Die Kükenfütterung

Für Kükenaufzucht ist es ratsam, in den ersten Tagen Kükenstarter zu füttern, unbedingt erforderlich ist dies aber nicht. Hiervon benötigt man, je nach Rasse, 150 bis 200 g je Tier, Zwerghühner natürlich weniger. Wenn diese Menge aufgebraucht ist, bekommen die Küken entweder Kükenmehl oder Kükenkorn (Pellets), nicht zu verwechseln mit Kükengrütze.

In den meisten Fällen bekommt man Kükenfutter nur noch als Alleinmehl oder Alleinkorn.

Oft bereitet es auch Schwierigkeiten, Kükengrütze, die für die kombinierte Fütterungsmethode erforderlich ist, zu erhalten. Bekommt man dann aber doch welche, ist sie oft zu grob für kleine Küken. In diesem Fall ist es zweckmäßig, die zu groben Körner aus den Trögen zu sammeln und zu einem späteren Zeitpunkt, wenn die Tiere größer sind, zu verfüttern.

Dieses Kükenfutter wird dann etwa bis zur 8. Woche gefüttert; man benötigt etwa 1,5 kg je Tier.

Es gibt aber noch einige Firmen, die Kükenmehl oder Kükenkorn für die kombinierte Fütterung herstellen.

Hält man die Küken, was in den ersten Wochen anzuraten ist, im Stall,

21 | New-Hampshire-Küken. Tränke und Futtertrog sind erhöht aufgestellt. Kies wird in einem aufgehängten Topf zur Verfügung gestellt.

22 | Kükenaufzucht unter Wärmeplatten; ein anflugsicheres Dach mit Haspel sollte angebracht werden. Das Wasser ist sauber, da die Tränke erhöht aufgestellt wurde.

23 | Küken mit Kükenmarke.

kann eine mäßige Grünfutterzugabe nicht schaden. Im Gegenteil, sie sorgt neben dem Nährwert auch für Abwechslung bzw. Beschäftigung und die Tiere bekommen eine schöne gelbe Beinfarbe.

Da Grünfutter im zeitigen Frühjahr oft knapp ist, empfiehlt es sich, klein gehackte Brennnesseln zu verfüttern. Sind die Küken es erst einmal gewohnt, reißen sie sich danach. Auch Haferflocken werden in geringen Mengen sehr gern aufgenommen. Es macht Freude zu beobachten, wie sich die Küken darauf stürzen. Richtiges Füttern ist für den Erfolg der Zucht von erheblicher Bedeutung und erfordert etwas „Fingerspitzengefühl“. Die Tiere sollen immer Hunger haben und doch satt sein. Das heißt, dass man so

24 | Selbst gebaute Kunstglucke: Die elektrische Wärmeplatte wurde in den Rahmen integriert. Die Lamellen simulieren das Gefieder der Henne.

25 | Die Küken suchen die Behaglichkeit unter der Wärmeplatte durch die Lamellen hindurch.

füttern sollte, dass die Tiere bis zum nächsten Füttern die Tröge fast leergefressen haben. Füllt man die Tröge zu voll, bleibt das Futter zu lange drin und verstaubt nur, wodurch dann eine schlechtere Futteraufnahme erfolgt. Dies ist besonders bei Mehlfütterung der Fall. Um Verunreinigungen zu verhindern, sind die Futtertröge erhöht aufzustellen.

An den ersten drei Tagen sollte man den kleinen Küken das Futter aber auf ein Stück Papier streuen, welches man in die Nähe der Kunstglucke auf dem Boden platziert. Beobachtet man, dass die Küken noch „zu dumm" zum Fressen sind, so kann man mit dem Zeigefinger auf das Papier klopfen, um so das Locken der Glucke nachzuahmen. Wenn dann erst mal ein Küken frisst, lernen die anderen es schnell von diesem. Ein Kükentrog mit etwas Futter sollte aber gleich vom ersten Tag an dabeistehen, damit sie sich auch an diesen gleich gewöhnen.

Es ist unbedingt erforderlich, die Tiere zu beobachten, damit man weiß, ob alle fressen; ist dies der Fall, so kann man den Trog schon etwas hoch stellen. Ein Brett von etwa 25 cm Breite auf Ziegelsteine oder Ähnliches gestellt ist hierfür gut geeignet. Man erreicht dadurch, dass das Futter immer sauber ist und nicht mit Einstreu verunreinigt wird.

Ebenso verfährt man mit der Tränke. Als Faustregel gilt: Der Rand der Tränke sollte in Rückenhöhe der Tiere sein. Das erste Wasser, das den kleinen Küken beim Einstallen gereicht wird, sollte etwa auf Handwärme temperiert werden. Danach ist dies nicht mehr erforderlich, es sei denn, dass die Tränke einmal leer geworden ist (was aber nicht vorkommen darf!) und die Tiere dann gierig trinken.

Damit die Küken Steinchen für den Magen bekommen, sollte man in einem niedrigen Gefäß etwas Kies oder Grit bereitstellen.

Die Junghennenfütterung

Ein Grundsatz in der Junghennenaufzucht ist: Junghennen sollen reifen. Soll heißen, dass Junghennen nach der schnellen Entwicklungsphase in den ersten sechs bis acht Wochen nun eine etwas eiweißärmere Fütterung erhalten sollen. Um dies zu erreichen, stellt der Handel spezielles Junghennenfutter zur Verfügung. Dieses langsamere Wachstum kommt besonders den späteren Zuchttieren zugute.

Es kommt immer wieder vor, dass Züchter ihre Tiere künstlich treiben, indem sie während der gesamten Entwicklungszeit sehr eiweißreich füttern. Dies bringt zwar kurzzeitige Erfolge, aber auf Dauer gesehen ist es eher schädlich. Die erst später auftretenden Folgen einer solchen Fütterungsmethode sind, dass die Tiere infolge des zu schnellen Wachstums sehr anfällig gegen Krankheiten werden und auch in der Zucht versagen.

Erst im Alter von etwa fünf Monaten sind die Tiere so weit gereift, dass sie wieder etwas eiweißreicheres Futter bekommen können. Dies ist dann entweder Legemehl oder Legekorn (Pellets). Erscheinen einem die Tiere noch etwas zu leicht, was man durch Wiegen ja einfach überprüfen kann, ist zu überlegen, ob man abends noch eine Körnergabe zufüttert. Durch Zufüttern von Mais kann man die gelbe Farbe der Läufe noch etwas intensivieren. Aber Vorsicht, besonders durch die Zugabe von Mais können die Tiere leicht verfetten.

Ich gehe einmal davon aus, dass Junghennenalleinfutter (Mehl oder Pellets) gefüttert wird; diese zusätzliche Körnergabe ist später wieder einzustellen bzw. stark zu reduzieren. Verfettete Hühner legen später schlecht und zeigen in der Zucht auch unbefriedigende Ergebnisse.

26 | Erhöht aufgestellte Tränke. Das Wasser bleibt dadurch immer schön sauber.

Die Tränke

Wasser ist das Wichtigste in der Hühnerhaltung, es soll stets sauber und in ausreichender Menge den Tieren zur Verfügung stehen. Um dies zu gewährleisten, ist eine geeignete Tränke sehr wichtig. Es kommt nicht selten vor, dass den Tieren das Wasser in ungeeigneten Gefäßen bereitgestellt wird. In solchen Gefäßen verschmutzt das Wasser dann auch sehr leicht und wird somit zu einer Infektionsquelle für die verschiedensten Krankheiten. Der Fachhandel hält eine reiche Auswahl geeigneter Tränken bereit, die dann auch viele Jahre verwendbar sind. Wie auch bei den Futtertrögen ist aber auch hier darauf zu achten, dass die Tränken dem Alter der Tiere entsprechen. Generell kann man sagen, dass fast alle im Handel erhältlichen

27 | Bei dieser Höhe sollten die Tiere auch auf dem Unterbau stehen können.

Tränken geeignet sind, wenn man Alter und Größe der Tiere berücksichtigt.

Für den Hühnerhalter mit wenigen Tieren reicht eine einfache, kostengünstige Stülptränke aus. In der Bedienung ist eine Doppelzylindertränke mit Bajonettverschluss einfacher. Wer etwas mehr Tiere hält, sollte sich überlegen, ob er sich eine automatische Tränke anschafft, die direkt an die Wasserleitung angeschlossen werden kann. Ganz wichtig ist, dass man eine Tränke mit ausreichendem Fassungsvermögen wählt (entfällt natürlich bei der automatischen Tränke). Als Anhaltspunkt kann man rechnen, dass die Tiere doppelt so viel Wasser verbrauchen als Futter, was im Sommer bei großer Hitze bis auf das Fünffache ansteigen kann. Wie viel die Tiere verbrauchen, hängt natürlich auch von deren Größe ab. Geht man von einer mittleren Rasse wie z. B. Italiener oder Leghorn aus, so ist mit einem Wasserverbrauch von etwa 200 ml/Tag und Tier auszugehen. Da es im Sommer auch einmal 35 °C heiß werden kann, benötigen die Tiere dann etwa 500 ml/Tag und Tier. Somit ist für eine Herde mit zehn Tieren eine Tränke von mindestens 5 Liter Fassungsvermögen bereitzuhalten. Man sollte aber lieber eine etwas größer bemessene Tränke nehmen, denn es darf einfach nicht vorkommen, dass eine Tränke mal leer wird! Besonders in der Kükenaufzucht kann dies fatale Folgen haben wie z. B. das Federfressen. Diese Sorgen hat man natürlich nicht, wenn man ein automatisches Tränkesystem installiert. Auch hier gibt es verschiedene Systeme, die, wenn sie richtig installiert sind, alle einwandfrei funktionieren. Bei Tränken, die mit Niederdruck und einem Ausgleichsbehälter arbeiten, ist es wichtig, dass das System am Ende offen ist, da sonst eine einwandfreie Funktion nicht gewährleistet ist. Die Zuleitungsöffnung muss am Ende höher sein als die Tränke, dann kann ein Druckausgleich erfolgen und das Wasser läuft einwandfrei bis zum Ende der Leitung, was sonst nicht der Fall wäre. Um Verschmutzungen vorzubeugen, ist das Ende wie eine Krücke umzubiegen. Im Anschluss einfacher sind Hochdrucktränken, die man mit einer geeigneten Zuleitung an die normale Wasserleitung anschließen kann. Wer größere Tierbestände hat, für den ist ein System mit Nippeltränken angebracht. Nippeltränken haben den Vorteil, dass sie nicht jeden Tag gewaschen werden müssen. Weniger geeignet sind die noch häufig verwendeten Eimertränken. Diese Tränken sind zwar in der Handhabung sehr schön, aber da sie nahezu völlig geschlossen sind, lassen sie sich praktisch fast nicht reinigen. Werden sie trotzdem verwen-

28 | Tränke außerhalb des Stalles, zum Futtergang hin angebracht. Die Gitterstäbe sind etwas auseinandergebogen, damit die Hähne nicht mit ihrem Kamm hängen bleiben können.

det, so ist unbedingt darauf zu achten, dass der Griffbügel nach unten gelegt wird, da er sonst herunterfallen und für die Tiere zu einer tödlichen Falle werden kann. Ebenso sollten keine offenen Schüsseln verwendet werden. Möchte man solche dennoch benutzen, sollte man sie so aufstellen, dass das Wasser nicht so leicht verschmutzt werden kann. Um dies zu verhindern, ist es zweckmäßig, einen Drahtkäfig mit senkrechten Stäben und einem Dach darüber zu versehen. Das Dach ist aber nach Möglichkeit so zu konstruieren, dass die Tiere sich nicht darauf setzen können. Wie schon erwähnt, sind die Tränken jeden Tag zu reinigen. Hat man mehrere Ställe, sollte für jeden Stall eine eigene Bürste verwendet werden. Bei den Zylindertränken sind auch alle Innenteile zu reinigen.

Bei der Aufstellung der Tränken ist darauf zu achten, dass sie nicht direkt auf den Boden gestellt werden, sondern, der Größe der Tiere angepasst, erhöht aufgestellt werden. In etwas größeren Ställen besteht die Möglichkeit, einen gemauerten Schacht mit einem Ablauf zu bauen, wobei dann die Tränke auf einem Rost steht. Bei dieser Aufstellung ist weitgehend gewährleistet, dass die Einstreu um die Tränke herum trocken bleibt.

Der Tränkenwärmer

Bekanntlich besteht im Winter leicht die Gefahr, dass die Tränken einfrieren. Um das Wasser dennoch nicht gefrieren zu lassen, hat sich der elektrische Tränkenwärmer bestens bewährt.

Tränkenwärmer kann man für wenig Geld im Fachhandel kaufen. Einmal angeschafft, halten sie fast unbegrenzt. Ich benutze sie schon seit vielen Jahren und habe beste Erfahrungen damit gemacht. Mir ist auch bei strengem Frost noch nie eine Tränke eingefroren. Der Energiebedarf der Tränkenwärmer ist mit etwa 15 Watt auch sehr gering, sodass das Wasser nicht warm wird, aber dennoch nicht einfriert. Der Tränkenwärmer wird einfach unter die Tränke gestellt und kann an jeder Steckdose angeschlossen werden. Es ist lediglich darauf zu achten, dass das Wassergefäß, ähnlich wie der Kochtopf auf dem E-Herd, einen flachen Boden hat, da sonst die Gefahr besteht, dass das Gerät Schaden nimmt.

Die Zucht

Die Zusammenstellung der Zuchtstämme für das nächste Jahr sollte schon recht früh erfolgen, damit sich die Tiere aneinander gewöhnen können. Wer seine Tiere auf Ausstellungen geschickt hatte, sollte schon am Ende der Schausaison, also im Dezember oder Januar, seine Stämme zusammenstellen.

Zusammenstellung der Zuchtstämme

Nach Möglichkeit verwende man nur solche Tiere zur Zucht, die sich schon durch gute Eigenschaften ausgezeichnet haben.

Handelt es sich um Jungtiere, so ist zu bedenken, dass sich diese Tiere erst noch bewähren müssen. Es ist nicht sicher, dass sich die guten Eigenschaften der Elterntiere auch auf die Jungtiere übertragen. Erst wenn man dies erkennen kann, sind sie für die Zucht wertvoll und man sollte von ihnen dann auch so lange nachzüchten, wie die Zuchtergebnisse befriedigend sind. Da in der Rassegeflügelzucht überwiegend Inzucht betrieben wird, beugt dies auch gleichzeitig, durch geringere Generationenfolge, den gefürchteten Inzuchtschäden vor. Es sollten nach Möglichkeit Cousinen miteinander verpaart werden. Nun hat die Inzucht aber trotz aller Risiken, die damit verbunden sein können, durchaus ihre Berechtigung, denn durch sie ist es möglich, gleichmäßige Linien zu bekommen, die weitgehend erbtreu sind.

Da unsere Hühner keine Maschinen sind, ist es nicht immer gegeben, dass nur die erwünschten Eigenschaften vererbt werden. Oft treten unerwünschte Eigenschaften auf, deren Ursprung Generationen zurückliegen kann. Betreibt man den Generationswechsel zu schnell oder die Verpaarung zu eng, so besteht erhöhte Gefahr, dass schon nach kurzer Zeit Inzuchtschäden auftreten. Anzeichen von Inzuchtschäden sind vermehrte Kükensterblichkeit durch Schwächung des Immunsystems, verminderte Schlupffähigkeit, Brustbeinverkrümmungen, Schnabelanomalien, Kahlköpfigkeit usw. Stellt man die angeführten Inzuchtschäden vermehrt fest, ist eine Einkreuzung fremder Tiere unumgänglich. Auf keinen Fall sollte man mit solchen geschädigten Tieren weiter züchten, da dies unweigerlich in eine Sackgasse führt.

Es ist vorteilhaft, mehrere kleine Stämme zusammenzustellen, da man mehrere Hähne halten kann und somit das Erbgut breiter gestreut wird. Bei der Auswahl der Zuchthähne ist besondere Sorgfalt anzuraten; nicht umsonst heißt es: „Der Hahn ist die halbe Herde.“ Damit wird ausgedrückt, dass die Eigenschaften des Hahnes bei jedem Tretakt weitergegeben werden. Einige Züchter bevorzugen es, mit etwas größeren Stämmen zu züchten. Nun kann man aber nicht beliebig viele Hennen zu einem Hahn geben; nur wenn das Verhältnis Hahn : Hennen richtig ist, kann man mit guten Befruchtungsergebnissen rechnen.

Nachfolgend einige Faustzahlen hierzu:

leichte Rassen	1:15–20
mittelschwere Rassen	1:12–15
schwere Rassen	1:8–12

Weniger Hennen schaden nicht, mehr sollten es aber nicht sein!

Ausdrücklich warnen möchte ich davor, zwei Hähne in einen Zuchtstamm zu geben. Man erreicht das Gegenteil von dem, was man erreichen möchte, da der jeweils andere Hahn den Tretenden beim Tretakt stört und es somit nicht zu einer Befruchtung kommen kann. Falls die Hennenzahl für einen Hahn zu viel ist, sollte man entweder zwei Stämme mit jeweils einem Hahn bilden oder der Herde drei Hähne zugeben. Der 3. Hahn wird dann für „Frieden" sorgen. Versteckmöglichkeiten im Auslauf können ebenfalls zu einem guten Befruchtungsergebnis beitragen. Nach der Zusammenstellung der Zuchtstämme ist es erforderlich, den Tieren wenigstens eine Woche der Eingewöhnung zu lassen, bevor man mit dem Sammeln der Bruteier beginnen kann. Besser ist es aber auf jeden Fall, den Tieren etwas mehr Zeit zur Eingewöhnung zu geben. Sollte mal ein Hahnenwechsel vorgenommen werden müssen, muss man davon ausgehen, dass es zwei Wochen dauert, bevor man sicher sein kann, dass die Nachkommen vom neuen Hahn stammen. Gelegentlich kommt es vor, dass eine Henne den Hahn ablehnt, was am schlechten Befruchtungsergebnis leicht festgestellt werden kann. Die betreffende Henne sollte man dann zu einem anderen Hahn setzen. In der Regel wird dies zu positiven Ergebnissen führen. Sollte es wider Erwarten nicht besser werden, liegt vermutlich ein anderer Grund vor und es ist in Erwägung zu ziehen, die Henne zu schlachten. Eine normale Befruchtung sollte über 80 Prozent betragen.

Jeder Züchter hat seine bestimmten Ziele, die er bei der Zucht verfolgt. In der Rassegeflügelzucht wird mehr auf Schönheit geachtet als auf Wirtschaftlichkeit. Schönheit und Wirtschaftlichkeit müssen sich aber nicht unbedingt ausschließen. Um hierüber eine genaue Kontrolle zu haben, sind Aufzeichnungen unerlässlich. Um über die Legeleistung genauer informiert zu sein, ist es zweckmäßig, zumindest zeitweise Fallennesterkontrollen durchzuführen. Es ist aber aus zeitlichen Gründen sicherlich nicht jedem Züchter möglich, diese kontinuierlich durchzuführen. Wo dies gar nicht möglich ist, kann nur eine gute Beobachtung weiterhelfen. Bei diesen Beobachtungen kann es sehr hilfreich sein, den Tieren zusätzliche Farbringe anzulegen, damit die Unterscheidung erleichtert wird. Anhand der im Laufe des Jahres gemachten Beobachtungen und Aufzeichnungen wird es im nächsten Zuchtjahr dann leichter fallen, die Zuchtstämme zusammenzustellen.

Vorbereitungen für die neue Zuchtsaison

Wenn die Tage wieder länger werden und die Temperaturen langsam steigen, beginnt sich auch die Natur auf das Frühjahr vorzubereiten. Nicht nur die Bäume treiben wieder aus, sondern auch die Tierwelt beginnt mit den Vorbereitungen für die nächste Brut- und Aufzuchtsaison. Wer seinen Tieren in den Wintermonaten durch künstliche Beleuchtung schon einen längeren Tag ermöglicht hat, wird rechtzeitig Bruteier zur Verfügung haben. Aber auch die Tiere, die keine künstliche Beleuchtung erhalten haben, werden bald wieder mit der Legetätigkeit beginnen. Viele Züchter, vor allem diejenigen, die schwere Rassen züchten, werden schon im zeitigen Frühjahr mit der Brut beginnen müssen, damit die Jungtiere rechtzeitig zur Ausstellung voll ausgefiedert sind bzw. in Blüte stehen. Für diese Züchter ist künstliche Beleuchtung im Winter unumgänglich.

Damit aber auch schon bei den frühen Bruten gute Befruchtungs- und Schlupfergebnisse erzielt werden können, sollten die Tiere ausreichend mit Vitaminen versorgt sein. Aus diesem Grunde ist es anzuraten, den Tieren im zeitigen Frühjahr einen zusätzlichen Vitaminstoß zukommen zu lassen.

Die einfachste und preiswerteste Art ist ein Vitaminstoß mit Vitaminkissen, die in fast jedem Kleintierzuchtbedarfsgeschäft günstig zu bekommen sind. Ein Vitaminkissen reicht für etwa 80 Legehennen. Da nun aber nicht jeder Züchter 80 Tiere hält und somit auch nicht das ganze Kissen aufgebraucht wird, kann man den Rest bedenkenlos anderen Tierarten geben, wenn man die Menge anhand des Gewichtes der Tiere entsprechend umrechnet. Alternativ zu den Vitaminkissen gibt es auch Vitaminkonzentrate in anderen Verpackungseinheiten. Ein natürliches, aber erheblich teureres Vitaminpräparat ist Dorschlebertran.

Vitaminkissen und Vitaminkonzentrate werden über das Trinkwasser verabreicht. Bei Dorschlebertran ist dies nicht möglich, da Lebertran nicht wasserlöslich ist, er kann nur über das Weichfutter verabreicht werden. Dieses Weichfutter wird aus etwas angefeuchtetem Legemehl hergestellt, dem man dann den Lebertran zugeben kann.

Spätestens jetzt ist es an der Zeit sich Gedanken darüber zu machen, wann denn die Tiere für die Ausstellung fertig sein sollen. Da die Entwicklungszeit von Rasse zu Rasse unterschiedlich ist, können hier keine genauen Angaben über den Brutbeginn gemacht werden. Eine Möglichkeit, dies zu ermitteln, ist, sich bei Züchtern, die die gleiche Rasse züchten, nach der Entwicklungszeit der Rasse zu erkundigen und dementsprechend seine Planungen aufzustellen. Es ist zu berücksichtigen, dass die Bruteier nicht länger als 14 Tage gelagert werden sollen. Wenn man nur wenige Zuchttiere hat oder diese schlecht legen, muss man notgedrungen eine längere Sammelzeit einkalkulieren. Die Schlupfergebnisse werden bei einer Lagerzeit von über 14 Tagen aber erheblich schlechter sein.

Auch sind die nötigen Gerätschaften für die künstliche Brut, die ja meist bevorzugt wird, zu kontrollieren und gegebenenfalls in Ordnung zu bringen, damit sie zum Brutbeginn einwandfrei funktionieren. Futtertröge und Kükentränken sollten, wenn nicht schon geschehen, gereinigt und eventuell desinfiziert werden. Aber Vorsicht, keine starken Desinfektionsmittel verwenden! Kochendes Wasser für die Tränken und Futtertröge oder eine heiße Flamme reichen völlig aus. Bei Kunststoff ist bei heißen Flammen aber Vorsicht anzuraten. Auch ist an die Brandgefahr zu denken: Nicht in der Nähe von Stroh oder leicht brennbaren Gegenständen abflammen!

Kükenfutter ist rechtzeitig vor dem Schlupftermin zu besorgen. Als Berechnungsgrundlage kann man mit einem Futterverbrauch von 1,5 kg Kükenfutter je Küken bis etwa der 8. Woche rechnen.

Die Angaben bezüglich der Futtermenge beziehen sich auf leichte Rassen, wie z. B. Italiener oder Leghorn, und müssen bei Zwergen oder schweren Rassen entsprechend nach unten oder oben verändert werden. Danach ist Junghennenmehl zu füttern (siehe hierzu die Abschnitte Kükenfütterung bzw. Junghennenfütterung).

Brut und Brutmethoden

Es gibt in der Geflügelzucht zwei Brutmethoden: die natürliche und die künstliche Brut. Ich möchte mich zunächst mit der künstlichen Brut befassen, da sie am häufigsten angewendet wird.

Die Entwicklung der künstlichen Brut

Schon vor mehreren tausend Jahren wurde von den Ägyptern und Chinesen die künstliche Brut betrieben. Wie die Brut vonstatten ging ist allerdings nur in den Grundzügen bekannt. Es gab sogenannte Brüterfamilien, die die einzelnen Brutvorgänge, sozusagen als Betriebsgeheimnis, streng für sich behielten. Es wurden damals schon große Bruthäuser aus Lehm oder Ziegeln gebaut, in die schon viele tausend Bruteier gleichzeitig eingebracht werden konnten. Die einzelnen Brutkammern wurden mit einem Gemisch aus Dünger und Häcksel beheizt. Diese Brütereien waren vorwiegend Lohnbrütereien; die Bauern brachten eine Anzahl Eier und erhielten dafür nach drei Wochen einen bestimmten Prozentsatz an Küken. Was die Brüter dann mehr erzielten, war ihr Gewinn. Die Brüter blieben während der Brutzeit Tag und Nacht in den Bruthäusern, um den Brutvorgang zu kontrollieren. Sie führten meist aber nur zwei Bruten im Jahr durch. Selten waren es mal drei.

Erst im Jahre 1875 wurden in Frankreich die ersten Brutapparate für einen breiten Bevölkerungskreis gebaut und mit viel Reklame angepriesen. Diese Apparate waren allerdings noch sehr umständlich zu bedienen. Sie wurden mit warmem Wasser beheizt, welches alle zwölf Stunden zum Teil ersetzt werden musste. Sicher wird sich jeder vorstellen können, dass diese Brutmaschinen sehr viel Aufmerksamkeit erforderten und die Bruterfolge recht unterschiedlich ausfielen.

Es dauerte dann auch nicht lange, bis man dazu überging, den Wasserkreislauf mit einer Petroleumlampe zu erwärmen. Nun entfiel zwar das umständliche Wasserwechseln, aber die Bedienung dieser Apparate erforderte immer noch sehr viel Zeit und Fingerspitzengefühl.

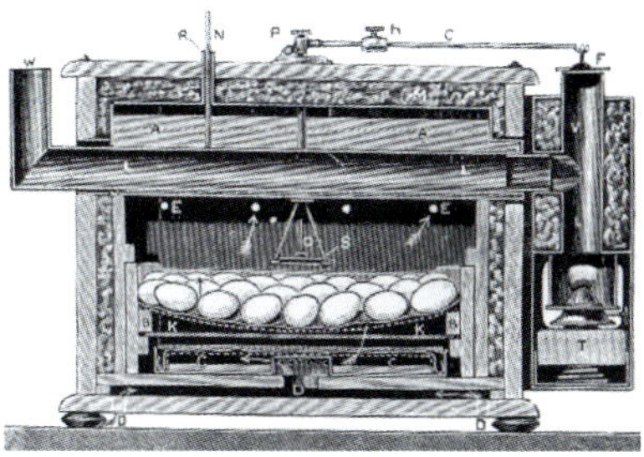

29 | Historischer Brutapparat mit Petroleumheizung.

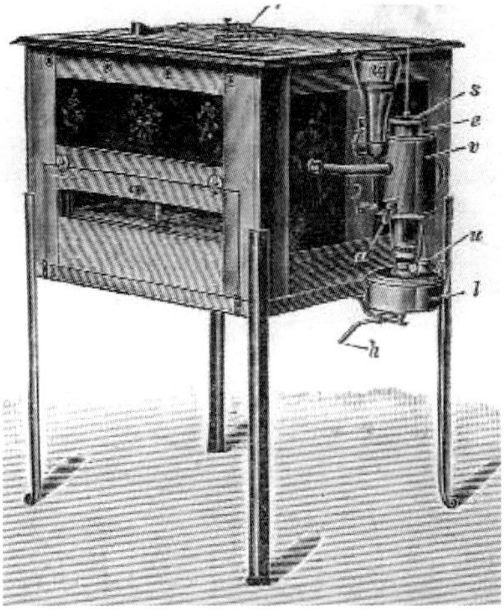

30 | Damals fortschrittlich: Wasserbrüter Germania.

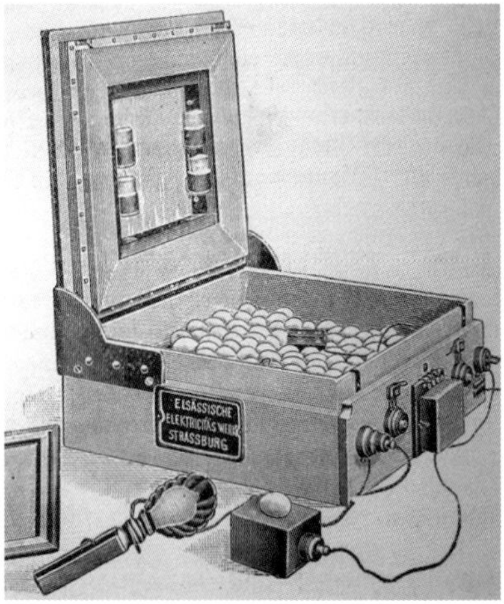

31 | Elektrischer Brutapparat mit Schiereinrichtung (Anfangsjahre der Elektrizität).

Dies mag dann auch der Grund dafür gewesen sein, dass diese Brüter vorwiegend im Schlafzimmer oder in der Küche aufgestellt wurden.

Durch falsche Einstellung der Wärmequelle ist so manche Brut zerstört worden; daher ist es nicht verwunderlich, dass der nächste Schritt die Entwicklung einer selbsttätigen Temperaturregulierung war. Diese Vorrichtungen arbeiteten mit einer Ätherkapsel, wie sie auch heute noch, in verbesserter Form, im Einsatz ist. Nach dieser Verbesserung ließ sich die Temperatur schon recht genau regulieren.

Ende des 19. Jahrhunderts wurden Versuche mit elektrisch beheizten Brutapparaten angestellt und schon in den ersten Jahren des 20. Jahrhunderts war man so weit, dass man die Temperatur auf ein Zehntelgrad Celsius genau regulieren konnte. Diese Brutapparate waren, was die Genauigkeit angeht, durchaus schon mit den heutigen Flächenbrütern aus Styropor vergleichbar. Das Wenden der Eier sowie die Regulierung der Feuchtigkeit und der Lüftung erfolgten bei allen Modellen per Hand.

Bis hierher waren alle Brutapparate reine Flächenbrüter. Es gab noch keine Möglichkeit, die erwärmte Luft gleichmäßig im gesamten Brutraum zu verteilen; dies wurde erst später durch den Einbau eines Ventilators möglich. Der Motorbrüter war erfunden.

Wendung, Lüftung und Regulierung der Feuchtigkeit erfolgten zunächst aber weiterhin von Hand.

Wie auf allen Gebieten der Technik erfolgte auch im Brutmaschinenbau in den Folgejahren eine stetige Weiterentwicklung: Zunächst wurde die Wendung und später die Feuchtigkeitsregulierung automatisiert.

Ein weiterer Entwicklungssprung erfolgte mit der Einführung der Elektronik in den Brutmaschinenbau.

Brutmaschinen und Begriffserklärung

Jeder Züchter wird sich vor Neuanschaffung einer Brutmaschine fragen: Was ist für meine Zwecke das beste Brutgerät?

Diese Frage ist nicht so einfach zu beantworten. Ein nicht unwichtiger Faktor ist dabei der eigene Geldbeutel. Es gibt natürlich auch bei den Brutgeräten erhebliche Preisunterschiede. Diese sind hauptsächlich in der Größe, der Qualität und dem Komfort begründet. Wer sich zunächst ein preisgünstiges Brutgerät anschaffen möchte, wird sich einen Thermoplastik-Brüter kaufen. Darüber hinaus gibt es aber auch Brüter, die entweder aus Holzspanplatten oder aus Vollkunststoff gefertigt sind. Der Trend geht aber zu Kunststoff-Brutmaschinen. Die Vorteile rechtfertigen den höheren Preis. Man kann aber mit jedem Brüter Küken ausbrüten. Man unterscheidet Flächenbrüter und Motobrüter.

32 | Flächenbrüter der Firma Jaeger und Pfrommer.

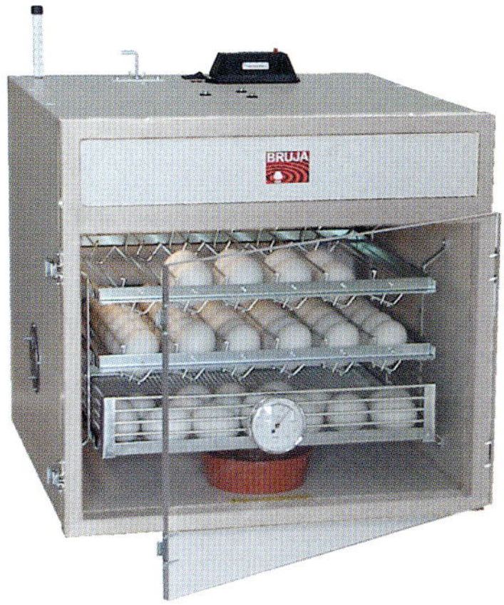

33 | Vollautomatischer Motorbrüter der Firma Bruja aus heutiger Zeit.

Im Flächenbrüter liegen die Eier auf einer Ebene. Die Luftzirkulation erfolgt nach dem Schwerkraftsystem. Die heute im Handel erhältlichen Flächenbrüter fassen meist nicht mehr als 100 Hühnereier.

Im Motorbrüter erfolgt die Luftumwälzung durch einen Ventilator, der durch einen Motor angetrieben wird. Durch diese motorgetriebene Luftumwälzung ist es möglich, die Eier auf mehreren Ebenen zu platzieren. Motorbrüter kann man in allen erdenklichen Größen bekommen. Es gibt sie für den Hobbyzüchter von 50 bis zu 1.500 Eiern Fassungsvermögen.

In der Wirtschaftsgeflügelzucht gibt es Brutmaschinen von einigen zigtausend Eiern Fassungsvermögen sowie ganze Räume, die für die Brut ausgelegt sind. Ihr Fassungsvermögen ist praktisch unbegrenzt. Die Brutmaschinen in der Erwerbsgeflügelzucht kann man natürlich nicht mit denen in der Hobbyzucht vergleichen. Diese Brutmaschinen und Bruträume

34 | Großes Fassungsvermögen: Schlupfbrüter einer Brutmaschine in der Wirtschaftsgeflügelzucht.

sind mit Elektronik vollgestopft und arbeiten vollautomatisch. Alle für die Brut wichtigen Vorgänge werden mit hoher Präzision gesteuert, entsprechend hoch sind die Schlupfergebnisse.

Die für die Hobbyzucht gebauten Brutmaschinen erreichen ebenfalls eine sehr hohe Exaktheit. Fast alle Maschinen arbeiten mit einer Temperaturgenauigkeit von einem Zehntelgrad Celsius. Sie besitzen eine elektronische Temperaturregelung. Die früher verwendeten Äthermembran-Thermostate mit Mikroschalter sind nur noch in älteren Maschinen zu finden. In der Genauigkeit gibt es wohl keine großen Unterschiede zwischen diesen beiden Typen.

Es gibt aber Unterschiede in der Wendetechnik. Es werden nur noch wenige Brutgeräte angeboten, bei denen man die Eier von Hand wenden muss. Die meisten Geräte wenden vollautomatisch, wobei es aber Unterschiede in der Technik gibt. Meist werden Rollenhorden verwendet. Bei dieser Wendetechnik werden die Eier waagerecht auf die Horden gelegt, die wiederum mit Rundstäben ausgestattet sind. Ein kleiner Motor bewegt diese Horden ständig vor und zurück, wodurch sich die Rundstäbe drehen und die Eier somit ständig gewendet werden. Dieser Wendevorgang geht sehr langsam und die Bewegung ist mit dem Auge nicht sichtbar. In der Regel werden hier die Eier 12-mal in 24 Stunden gewendet.

Eine andere Art, die Eier zu wenden, ist die Kippwendung. Hier stehen die Eier mit der Spitze nach unten auf den Horden. Diese Horden werden dann wie Schubladen in ein Gestell eingeschoben; dieses Gestell mit den Hor-

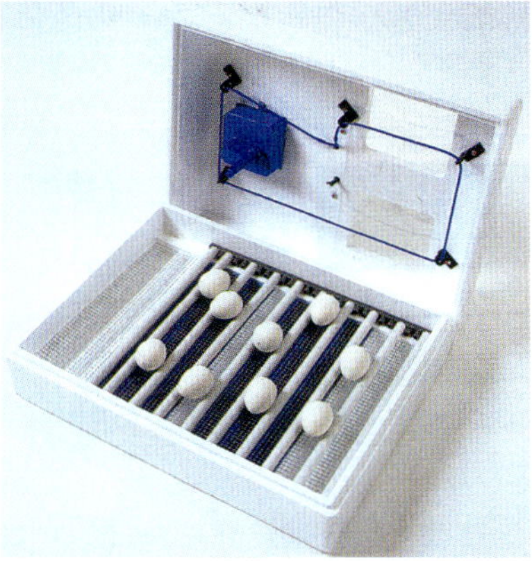

35 | Thermoplast-Brüter mit Rollenwendung (Firma Bruja).

den wird alle zwei Stunden nach vorn oder hinten gekippt, daher der Name Kippwendung. Zwischen den einzelnen Wende-vorgängen liegen die Eier, im Gegensatz zur Rollenwendung, ruhig auf den Horden. Wenn man die Wahl hat, sollte man der Kippwendung den Vorzug geben. Sie ist naturnaher, da die Eier zwischen dem Wenden ruhig liegen und nicht wie bei der Rollenwendung ständig in Bewegung sind.

Für den Brutvorgang wichtig ist auch die Feuchtigkeit. Diese wird in den meisten Brütern von Hand geregelt. Oft gehen die Empfehlungen der einzelnen Hersteller, Wassergefäße und deren Befüllung betreffend, etwas auseinander. Bei den komfortableren Brutmaschinen wird die Feuchtigkeit automatisch über eine Elektronik geregelt; dies ist aber nicht unbedingt erforderlich, da das Befüllen der Wassergefäße nicht sehr zeitaufwendig ist. Einige Hersteller von Brutmaschinen bieten noch eine Kühlung der Bruteier an. Ich halte dies aber bei Hühnereiern nicht für notwendig, da es, wenn sonst alles stimmt, keine weiteren Vorteile bringt. Bei Wassergeflügel ist dies anders, da sie mit mehr Feuchtigkeit gebrütet werden.

Der Handel bietet kombinierte Brüter, Vorbrüter und Schlupfbrüter an.

Als kombinierte Brüter bezeichnet man Brutmaschinen, die nur einen Raum haben und in denen die Eier während der gesamten Brutzeit bleiben. Die Küken schlüpfen also auch in diesem Raum. Dies ist kein Nachteil, wenn man nur eine Brut durchführen möchte. Sobald aber Eier in der Maschine liegen, die unterschiedliche Schlupftermine haben, ist es von Nachteil. Um dies zu vermeiden, gibt es Maschinen mit zwei getrennten Räumen: einen Raum für die Vorbrut

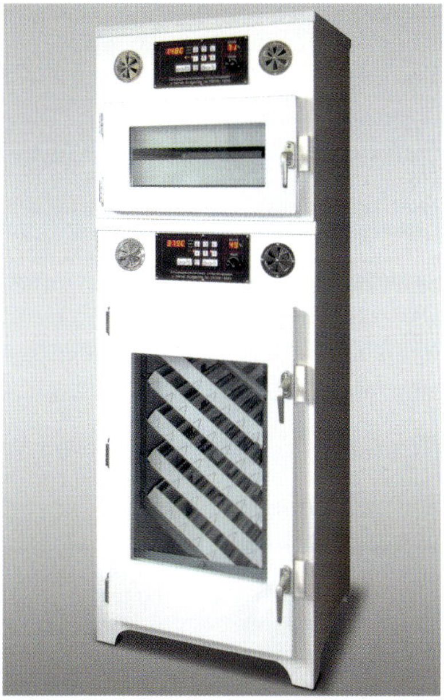

36 | Moderner, vollelektronisch gesteuerter Motorbrüter mit Kippwendung für etwa 435 Hühnereier mit separatem Schlupfraum.

und einen für den Schlupf. Jeder dieser Räume ist für sich regelbar. Die Unterschiede bestehen darin, dass im Vorbrüter im Gegensatz zum Schlupfbrüter eine Wendevorrichtung vorhanden ist; auch passen in den Vorbrüter mehr Eier als in den Schlupfbrüter. Der Schlupfbrüter dagegen hat größere Wassergefäße, um die Feuchtigkeit zu optimieren.

Im Vorbrüter bleiben die Eier bis zum 18. Tag, danach werden sie in den Schlupfbrüter umgelegt.

Das Durchleuchten der Eier, in der Fachsprache auch Schieren genannt, erfolgt einerseits, um die Maschine sauber zu halten (faule Eier platzen), und zum anderen auch, um die Kapazität zu erhöhen, da unbefruchtete und abgestorbene Eier aus der Maschine entfernt werden können. Der Schiervorgang erfolgt mit einer Schierlampe.

Als weiteren Begriff möchte ich den Stammschlupf nennen, bei dem mit Stammschlupfhorden im Schlupfraum gearbeitet wird. Die Stammschlupfhorden sind in verschieden große Fächer unterteilbar. Durch diese Unterteilungen ist es nun möglich, die Eier einer Henne jeweils in ein Fach zu legen, sodass man hinterher genau weiß, wer der Vater bzw. die Mutter des Kükens ist.

Durchführung der künstlichen Brut

Vor dem Einlegen der Eier in die Brutmaschine ist diese etwa 24 Stunden vorzuheizen. Dies ist wichtig, damit alle Teile im Inneren der Maschine richtig durchwärmt werden; nur so ist es möglich, die Temperatur exakt einzuregulieren. Es ist auch ratsam, die Wassergefäße so, wie es vom Hersteller der Brutmaschine vorgeschrieben ist, zu befüllen, damit ein möglichst brutnaher Betrieb schon während der Vorwärmphase gegeben ist. Etwa nach zwölf Stunden kann man dann mit dem Einregulieren beginnen.

Die Temperatur ist, wenn vom Hersteller nicht anders angegeben, auf 37,8 °C einzuregulieren und dabei so einzustellen, dass sie beim Erreichen dieser Temperatur ausschaltet.

Der Einschaltpunkt kann bei jeder Maschine etwas variieren; man hüte sich aber davor, erneut am Regler zu drehen, wenn man glaubt, der Regler müsse nun einschalten. Auf diese Art wird man nie eine exakte Temperatur erreichen können. Der Temperaturregler wird also immer nur so einreguliert, dass er beim Erreichen der gewünschten Temperatur abschaltet. Es ist anzustreben, dass die Temperatur nicht mehr als ein Zehntelgrad Celsius schwankt. Bei den meisten heute im Handel befindlichen Brutmaschinen ist dies auch gewährleistet. Wenn die Brutmaschine einreguliert ist, können die Eier eingelegt werden. Es gilt zu beachten, dass nach dem Einlegen die Temperatur für einige Zeit wieder erheblich absinkt, da die Eier erst wieder auf die erforderliche Temperatur gebracht werden müssen. Je nach Ausstattung der Brutmaschine sollten die Eier nach einigen Stunden die Bruttemperatur erreicht haben. Es ist zu bedenken, dass die eingelegten Eier eine andere Luftführung verursachen, was ebenfalls zu einer anderen Temperaturanzeige führen kann. Aus diesem Grunde ist es zweckmäßig, das Thermometer in Höhe der Eier anzubringen. Erst wenn man feststellt, dass die Temperatur konstant bleibt, kann man eventuell etwas nachregulieren. Ich möchte aber ausdrücklich davor warnen, zu oft nachregulieren zu wollen, da dies letztlich mehr schadet als nützt. Es wird dadurch ein ständiger Temperaturwechsel verursacht, der sich negativ auf das Brutergebnis auswirkt.

Die Luftfeuchtigkeit sollte in der Vorbrut, wenn vom Hersteller nicht anders angegeben, 60 Prozent betragen.

Im Schlupfbrüter kann man die Luftfeuchtigkeit zunächst auf 80 Prozent steigern. Ab Beginn der ersten Pickstellen wird die Feuchtigkeit auf das Maximum erhöht, das bei über 90 Prozent liegt. Man sollte aber andererseits auch darauf achten, dass genügend Sauerstoff in die Maschine gelangt, da die Küken jetzt mehr Sauerstoff benötigen. Zugegeben, dies ist in den Hobbymaschinen nicht immer einfach, aber ich denke, dass jeder Züchter nach wenigen Schlüpfen die optimale Einstellung der Lüftung herausgefunden hat. In der Wirtschaftsgeflügelzucht ist dies einfacher. Diese Maschinen sind, speziell im Schlupfbrüter, mit besonderen Vorrichtungen ausgerüstet, die die Feuchtigkeit auf das Maximale steigern können. Es werden bzw. wurden verschiedene Methoden angewendet. So benutzte eine holländische Firma z. B. ein Endlos-Sackleinen, das mit einer Walze gedreht wird und unten durch einen Wasserbehälter läuft. Die Verdunstungsfläche ist dabei sehr groß und man kann auch die Frischluftzufuhr den Bedürfnissen der schlüpfenden Küken entsprechend anpassen, ohne dass dabei die Feuchtigkeit sinken würde.

Bei den heutigen elektronisch geregelten Maschinen wird die Feuchtigkeit durch Düsen, die einen Wassernebel in die Maschine blasen, gesteuert. Die Lüftung wird je nach Kohlenmonoxidgehalt der Luft automatisch geregelt.

Dies sei nur am Rande bemerkt. Ich denke aber, dass es auch den einen oder anderen Hobbyzüchter interessiert, wie die Brut in der Wirtschaftsgeflügelzucht durchgeführt wird. Es soll eben nur aufzeigen, was machbar ist.

Es gibt heute einige Hersteller, die für den Hobbyzüchter sehr gute Brutmaschinen herstellen. Jeder Hersteller gibt für seine Maschinen Brutempfehlungen bzw. Gebrauchsanweisungen, die man beachten sollte. Dies soll aber nicht heißen, dass sich der Züchter nun stur an diese Empfehlungen halten muss. Da es durchaus rassebedingte Unterschiede im Brutverhalten gibt, muss jeder Züchter für seine Rasse den optimalen Brutplan selbst herausfinden.

Ich möchte sagen, dass eine computergesteuerte Brutmaschine mit Kippwendung und separatem Schlupfabteil das Optimale ist, das man sich wünschen kann. Aber auch die anderen im Handel befindlichen Maschinen sind durchaus brauchbar. Es kommt beim Hobbyzüchter nicht auf das letzte Prozent Schlupfergebnis an. Anders als der Wirtschaftsgeflügelzüchter muss er nicht so sehr auf Wirtschaftlichkeit achten. Es können mit einfacheren Brutgeräten durchaus beachtliche Ergebnisse erzielt werden. Es sind auch noch viele Maschinen in Betrieb, bei denen Wendung und Feuchtigkeit manuell gesteuert werden. Das erforderliche dreimalige Wenden macht lediglich mehr Arbeit. Dass alle heute erhältlichen Brutmaschinen elektrisch betrieben werden, brauche ich wohl nicht extra zu erwähnen.

Bei allen Maschinen, egal ob Flächenbrüter oder moderner Motorbrüter, sollten die Eier nach sieben Tagen geschiert werden. Bei dunkelschaligen Eiern kann man ein paar Tage länger warten, weil man durch die dunklere Eischale die Befruchtung nicht so gut feststellen kann. Bei Eiern mit weißer Schale sind nach sieben Tagen deutlich die roten Adern des sich entwickelnden Embryos zu sehen. Bei den braunschaligen sieht man die Adern zwar nicht so gut, dafür leuchtet das befruchtete Ei aber rötlich, was eben durch diese roten Adern verursacht wird. Ein unbefruchtetes Ei zeigt die oben erwähnten Merkmale nicht. Hat man erst einmal etwas Übung, so wird man den Unterschied zwischen einem befruchteten und einem unbefruchteten Ei schnell feststellen können.

Das Sammeln der Bruteier und deren Behandlung

Die Brut beginnt bereits mit dem Sammeln der Bruteier. Fehler, die hier gemacht werden, lassen sich auch mit der besten Brutmaschine nicht mehr kompensieren. Die Behandlung und Lagerung der Bruteier ist für ein zufriedenstellendes Schlupfergebnis von entscheidender Bedeutung. Dies beginnt schon beim Zustand der Legenester, die sauber und gut eingestreut sein sollten. Bei verschmutzten und schlecht eingestreuten Nestern kommt es vermehrt zu Schmutzeiern, verursacht durch Kot, oder zu Knickeiern. Die verschmutzten Eier sollten nicht als Bruteier verwendet werden, da sie das Schlupfergebnis negativ beeinflussen und außerdem auch noch Krankheiten übertragen können. Auch das Waschen der Eier ist nicht anzuraten, da beim Waschen die auf jedem Ei vorhandene natürliche Schutzschicht entfernt wird, was wiederum zur Folge hat, dass das Ei schneller austrocknet und eventuell vorhandene Keime leichter in das Ei-Innere eindringen können.

Bei richtig vorbereiteten Nestern lassen sich Schmutzeier aber weitgehend vermeiden. Je nach Stalltemperatur müssen die Bruteier des Öfteren gesammelt werden. Der Bruterfolg sinkt rapide, wenn die Bruteier einer Temperatur von weniger als +5 °C ausgesetzt werden. Die Lagerung der Bruteier sollte bei einer Temperatur von 8 bis 13 °C erfolgen.

Bei der Lagerung ist darauf zu achten, dass sich der Dotter nicht verlagert. Um dies zu verhindern gibt es verschiedene Verfahren. In größeren Betrieben werden die Eier gleich auf die Horden der Brutmaschine gepackt und in ein eigens dafür hergestelltes Gestell geschoben, womit sie mehrmals täglich durch Schrägstellen der Horden gewendet werden. Die Eier stehen auf diesen Horden mit der Spitze nach unten. Man kann aber auch ein sehr einfaches Verfahren anwenden, indem man die Eier mit dem stumpfen Ende nach unten auf eine Eierpappe stellt. Der Dotter ruht dann auf der Luftblase und kann somit nicht an der Außenhaut des Eies ankleben. Auch besteht die Möglichkeit, die Bruteier auf eine Rollenwenderhorde zu packen und sie wenigstens zweimal täglich um 180° zu wenden. Es ist sehr hilfreich, wenn man mit Bleistift (keinesfalls mit anderen Stiften!) ein Kreuz und einen Strich auf die jeweils gegenüber liegende Seite malt.

Für die Planung ist es vielleicht auch noch interessant zu wissen, dass man, um ein Hennenküken zu erbrüten, drei Bruteier einlegen muss. Nicht alle Eier eignen sich als Bruteier. Es ist erwiesen, dass sich u. a. auch die Beschaffenheit der Eier vererbt, demzufolge ist es nicht ratsam, nicht der Norm entsprechende Eier als Bruteier zu verwenden. Ein Brutei sollte nicht leichter als 55 g und nicht schwerer als 70 g sein. Auch unnormal geformte, dünnschalige sowie Eier mit rauer Schale gehören nicht in die Brutmaschine. Je nach Rasse ist auch noch die Schalenfarbe zu berücksichtigen. Dies ist z. B. bei Hühnern, die braune Eier legen, der Fall. Abweichende Eier sind schon beim Sammeln auszusortieren und anderweitig zu verwenden.

Die Stammbaumzucht

Jeder Züchter strebt in seiner Zucht ein bestimmtes Ziel an. Der Rassegeflügelzüchter möchte möglichst schöne Tiere züchten, um damit auch auf den Ausstellungen viele Preise zu erlangen. Die Legeleistung braucht darunter aber nicht zu leiden. Schönheit und Leistung sind kein Widerspruch und lassen sich durchaus miteinander verbinden.

Wer seine Tiere konsequent auf diese Ziele hin züchtet, wird die Erfolge bald sehen und sich womöglich dann zu den Spitzenzüchtern zählen können. Um diese Ziele zu erreichen, bedarf es einer ständigen Selektion und Auslese. Die Kontrolle der Tiere über Fallennester und Stammbaumzucht ist dabei sehr hilfreich. Es ist aber zu bedenken, dass die Stammbaumzucht über Fallennester und kontrollierten Schlupf auch etwas aufwendiger ist und mehr Zeit erfordert. Es ist aber gerade für uns Hobbyzüchter eine sehr interessante Sache, die sehr viel Freude bereitet und sich schließlich auszahlen wird. Diese Freude wiegt den zusätzlichen Zeitaufwand dann auch doppelt auf. Ich kann nur jedem Züchter, dem es zeitlich möglich ist, empfehlen, diese Methode der Zucht zu wählen.

Andererseits ist der Zeitaufwand bei der Fallennestkontrolle auch nicht so groß, wie mancher befürchten mag. Drei bis vier Kontrollen der Fallennester am Tag reichen völlig aus, wobei die einzelne Kontrolle nur etwa fünf bis zehn Minuten in Anspruch nimmt. Es muss nur jemand im Hause sein, der die Kontrollen durchführen kann. Was die Nester angeht, so benötigt man für je drei Hühner ein Fallennest. Hat man also eine Herde von 15 Tieren, so reichen fünf Nester aus, wobei es nicht schadet, wenn mehr Nester vorhanden sind. Weniger sollten es aber in keinem Falle sein.

Um nun genau zu wissen, welches Ei von welcher Henne stammt, wird die Ringnummer oder die Flügelmarkennummer mit Bleistift auf das Ei geschrieben. Aber bitte nur mit Bleistift! Kugelschreiber oder Filzstift könnten dem sich entwickelnden Küken schaden. Die so beschrifteten Bruteier werden dann nach der Einlage bis zum 18. Tag auf den Wendehorden im Vorbrüter belassen. Danach werden sie zum Schlüpfen in Stammbaumschlupfhorden umgelegt und in den Schlupfbrüter geschoben. Da die

37 | Stammschlupfhorden: Die Eier werden in abgeteilte Fächer gelegt und ein Herkunftsnachweis beigefügt.

Stammbaumschlupfhorden verstellbare Fächer haben, kann man die Eier jeder einzelnen Henne in ein Fach legen. Man legt nun in jedes Fach noch einen stabilen Zettel mit der Nummer der Henne. Manchmal kommt es nämlich vor, dass beim Schlupf die Nummer auf der Eierschale zerstört wird und sie nicht oder nur schwer lesbar ist. Liegt aber ein Stück Pappe mit der Nummer im Fach, so ist diese immer sicher verfügbar. Die Stammschlupfhorden müssen nach oben hin mit Draht verschlossen werden, damit die geschlüpften Küken nicht in ein anderes Fach springen können.

Als nächster Schritt kommt nun das Zeichnen der Küken mittels Kükenmarke, die ebenfalls mit einer Nummer versehen ist. In einer Liste werden nun Hennennummer und Nummer der Kükenmarke aufgeschrieben, sodass auch hier wieder die Zuordnung möglich ist.

Meiner Einschätzung nach gibt es heute nur noch eine empfehlenswerte Kükenmarke, und zwar „Rista". Früher konnte man noch die Kükenmarke „Lisa" aus Aluminium und mit einem spitzen Metallstift bekommen. Heute gibt es sie nur noch aus Kunststoff gefertigt. Der Stift ist nun ebenfalls aus Kunststoff, aber m. E. viel zu dick, zu stumpf und unstabil; deshalb gibt es von mir keine Empfehlung für dieses Fabrikat. Um die Kükenmarke in der kleinen Haut zwischen Oberarmknochen und Speiche (Dreieck) exakt platzieren zu können, ist ein spitzer, stabiler Stift erforderlich, den die Kunststoffmarken jedoch nicht mehr haben. Mit einem stabilen spitzen Stift an der Kükenmarke ist es aber nicht schwer, diesen durch die Haut zu stechen und die Kükenmarke sicher zu befestigen. Es ist auch für das Küken besser, wenn der Stift schön spitz ist, denn das Durchstechen der Haut verursacht dem Küken dann keine Schmerzen. Ist der Stift jedoch stumpf, so ist das Gegenteil der Fall. Das Küken erleidet Schmerzen und auch der sichere Sitz ist nicht gewährleistet, da man die Kükenmarke nicht so exakt platzieren kann.

Es ist darauf zu achten, dass die Kükenmarke einerseits nicht den Knochen berührt und andererseits aber auch nicht so weit nach vorn positioniert wird, dass sie ausreißen kann. Die Kükenmarke sollte also kurz vor den Oberarmknochen gesetzt werden. Man merkt es, wenn man den Knochen berührt, es geht dann nicht mehr so „butterweich". In diesem Falle versetzt man die Marke ein wenig nach vorn.

Dem Anfänger möchte ich raten, den Sitz der Kükenmarken von Zeit zu Zeit zu kontrollieren. Stellt man dabei fest, dass eine Marke trotzdem in den Knochen gesetzt wurde, ist sie sofort

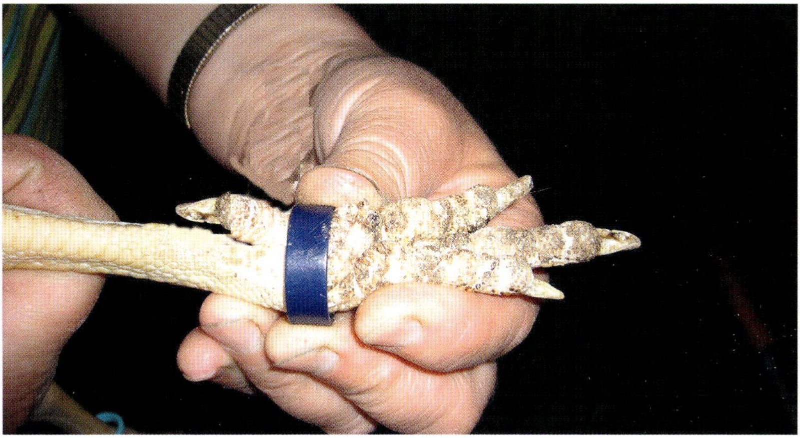

38 | Demonstration der Technik des richtigen Beringens.

zu entfernen und an den anderen Flügel zu setzen. Eine falsch angebrachte Kükenmarke entzündet sich nämlich mit der Zeit, was dem Tier unnötige Schmerzen bereitet. Diese etwas ausführlichere Schilderung soll auch dem Anfänger einen sicheren Umgang mit Kükenmarken ermöglichen. Dies mag vielleicht alles etwas kompliziert erscheinen, hat man es aber erst einmal durchgeführt, wird man feststellen, dass es keine besondere Kunst ist.

Der nächste Schritt in dieser Kette ist das Beringen der Tiere. Jede Rasse hat bekanntlich ihre eigene, vorgeschriebene Ringgröße. An diese Ringgröße sollte sich der Züchter unbedingt halten, damit es später keinen Ärger gibt. Zu kleine Ringe würden einwachsen und zu große gehen verloren, außerdem werden Tiere mit falscher Ringgröße auf Ausstellungen nicht bewertet. Der Zeitpunkt des Beringens ist von Rasse zu Rasse etwas unterschiedlich und wird in der Regel zwischen der achten und zwölften Woche liegen. Sicherheitshalber empfehle ich, die Kükenmarke noch nicht zu entfernen, denn wenn doch einmal ein Tier den Ring verlieren sollte, ist der Abstammungsnachweis weiterhin gesichert. Dass die Ringnummer bei der entsprechenden Kükenmarkennummer in die Liste einzutragen ist, versteht sich von selbst.

Die Kükenmarke kann dann zu einem späteren Zeitpunkt, wenn man sicher ist, dass das Tier den Ring nicht mehr verliert, entfernt werden.

Auf diese Weise ist die Abstammung eines jeden Tieres exakt nachvollziehbar, und durch eine sichere Auslese wird sich der Erfolg schon nach wenigen Jahren einstellen.

Brutfehler

Da die künstliche Brut von so vielen Brutfaktoren abhängig ist, liegt es leider in der Natur der Sache, dass es auch zu Brutfehlern kommen kann.

Diese Brutfaktoren sind im Einzelnen: Temperatur, Feuchtigkeit, Luft und Wenden. Erst das gute Zusammenspiel dieser Faktoren sichert den Bruterfolg. Die heute erhältlichen Brutmaschinen sind meist alle technisch so ausgereift, dass es kaum noch zu nennenswerten Brutfehlern kommt. Die Einhaltung der erforderlichen Bruttemperatur ist dank ausgereifter Technik stets gewährleistet. Nennenswerte Schwankungen sind praktisch ausgeschlossen. Es ist wichtig zu wissen, dass Überhitzungen bzw. eine zu hohe Temperatur wesentlich schädlicher sind als eine zu niedrige. Eine nicht ausreichende Bruttemperatur zögert in der Regel nur den Schlupftermin etwas hinaus, während eine zu hohe Bruttemperatur das Schlupfergebnis sehr negativ beeinflussen kann. Temperaturüberschreitungen bzw. -unterschreitungen sollten vermieden werden. Treten doch einmal Abweichungen von einigen Zehntelgrad Celsius auf, so hat dies wohl noch keine gravierenden Auswirkungen, bewegen sich die Abweichungen dagegen im Grad-Bereich, gibt dies Anlass zu berechtigter Sorge.

Fehler im Feuchtigkeitsniveau wirken sich besonders in der letzten Brutphase sehr negativ aus. Weicht die Feuchtigkeit von der Norm ab, verändert sich der Gasaustausch im Ei. Zu geringe Luftfeuchtigkeit führt zu einer vergrößerten Luftblase, zu hohe Luftfeuchtigkeit bewirkt dagegen eine zu kleine; beides wirkt sich auf die Entwicklung der Küken negativ aus. Ist die Feuchtigkeit z. B. während der Vorbrut zu hoch, so verdunstet nicht genügend Feuchtigkeit aus dem Ei und die Folge ist, dass das Küken beim Schlupf verklebt oder sogar im nicht verdunsteten Eiklar (Eiweiß) ertrinkt.

Eine zu geringe Luftfeuchtigkeit bewirkt dagegen, dass das Küken infolge der großen Luftblase kleiner ist und beim Schlupf oft nicht in der Lage ist, die lederartige Eihaut zu durchdringen. Es bleibt im angepickten Ei stecken. Küken, die es dann trotzdem schaffen, sind oft sehr verklebt und haben einen schlecht eingezogenen Dottersack. Diese Küken sind vielfach nicht lebensfähig und sterben bereits in den ersten Lebenstagen. Die Feuchtigkeit ist also ein wichtiger und nicht zu vernachlässigender Brutfaktor.

Oft unterschätzt wird auch der Brutfaktor Luft. Das sich im Ei entwickelnde Küken benötigt, wie jedes andere Lebewesen auch, eine gewisse Menge Sauerstoff. Ist der Sauerstoffgehalt in der Brutmaschine zu gering, so steigt der Kohlendioxidgehalt in der Maschine an und wirkt sich schädigend auf die Embryoentwicklung aus; viele Embryonen sterben aus diesem Grunde dann ab. Es erfordert daher etwas „Fingerspitzengefühl“, die Luftöffnungen richtig einzustellen. Jede Brutmaschine wird, was die Luftöffnungen angeht, anders zu bedienen sein, wobei es ein großer Unterschied ist, ob es sich um einen Flächenbrüter oder um einen Motorbrüter handelt. Der Flächenbrüter hat bekanntlich keinen Ventilator und man wird bei ihm die Luftöffnungen weiter öffnen müssen als bei einem Motorbrüter, der die Luft mittels des Ventilators durch die Luftöffnungen drückt bzw. zieht. Es ist auch zu bedenken, dass im Motorbrüter eine Luftumwälzung stattfindet und eine größere Verdunstung erfolgt. Die Luftöffnungen sind also kleiner zu halten als beim Flächenbrüter. Die Luftöffnungen beeinflussen aber nicht nur den Sauerstoffgehalt, sondern auch die Luftfeuchtigkeit. Nicht unwesentlich ist auch die Umgebungstemperatur des Brutgerätes, da durch eine zu kalte Umgebungstemperatur auch die durch die Lufteintrittsöffnungen einströmende Luft entsprechend zu kalt ist. Ideal ist eine möglichst gleichbleibende Umgebungstemperatur im Bereich zwischen 13 und 18 °C.

Weicht die Umgebungstemperatur erheblich von diesem Richtwert ab, kann die Maschine dies unter Umständen nicht mehr richtig ausgleichen, sodass es zu außergewöhnlichen Schwankungen kommen kann. Ein zu kalter Brutraum kann durch eine Isolierung der Brutmaschine von außen etwas ausgeglichen werden. Es liegt auch in der Entscheidung jedes Züchters selbst, ob er den Brutraum heizen möchte. Schwieriger wird es, wenn der Brutraum einmal zu warm werden sollte.

Kommen wir nun zum Wenden der Eier. Auch beim Wenden können Fehler gemacht werden, die sich negativ auf das Brutergebnis auswirken, dies kann besonders beim Wenden von Hand der Fall sein. Durch unsachgemäßes oder zu seltenes Wenden können die Embryonen absterben. Es ist darauf zu achten, dass das Wenden nicht ruckartig vorgenommen wird, sondern vorsichtig, langsam und gleichmäßig. Es ist mindestens zweimal pro Tag zu wenden. Nach Möglichkeit sollte aber öfter gewendet werden. Ideal wäre alle zwei Stunden, was aber wohl nur mit einer automatischen Wendevorrichtung durchführbar ist. Der einmal gewählte Wenderhythmus ist während der gesamten Vorbrut beizubehalten. In den Wendepausen sollten die Eier ruhig liegen. Leider ist dies aufgrund der Beschaffenheit der Wendevorrichtung nicht immer durchführbar. Es ist auch eine Kostenfrage, da eine Kippwendevorrichtung in der Anschaffung teurer ist.

Die natürliche Brut

Obwohl die meisten Züchter ihren Hühnernachwuchs mit einer Brutmaschine ausbrüten, gibt es durchaus noch Züchter, die jedes Jahr einige Küken von einer Glucke ausbrüten lassen. Es ist ein einmaliges Naturerlebnis, eine führende Glucke mit ihren Küken beobachten zu können. Bei vielen Rassen ist der Bruttrieb schon herausgezüchtet worden, sodass es nicht ganz einfach ist, zum passenden Zeitpunkt eine Glucke für die Naturbrut zur Verfügung zu haben. Auch gibt es zwischen den einzelnen Rassen große Unterschiede, was die Brutfreudigkeit anbetrifft. Leichte Rassen sind zur Brut weniger geeignet als schwerere. Die leichten Rassen brüten entweder gar nicht oder sind unzuverlässig, das heißt, auch wenn sie glucken, ist es nicht sicher, dass sie auch die ganzen 21 Tage auf den Eiern sitzen bleiben. Die schwereren Rassen, wie Orpington, Brahma, Sussex usw., sind daher zur Naturbrut besser geeignet. Auch die Zwerge dieser Rassen eignen sich gut, ebenso Seidenhühner und Araucana. Die einzelnen Farbenschläge dieser Rassen können sich in puncto Brutlust ebenfalls unterscheiden. Was den Bruttermin angeht, lässt sich dieser auch nicht so exakt planen, wie dies bei der Kunstbrut möglich ist, da man stets auf eine gluckende Henne angewiesen ist. Man kann versuchen, durch Verfüttern von gekeimter Gerste, die etwa 14 Tage lang gegeben werden soll, das Glucken der Hennen etwas zu beeinflussen.

Hat man zu einer günstigen Zeit eine Glucke, muss man einen geeigneten Platz für das Nest finden. Nicht jeder Platz ist als Nest für eine Glucke geeignet. Gefällt der Glucke ein Platz nicht, besteht die Gefahr, dass sie von den Eiern wegläuft. Der Platz für das Nest sollte nicht zu hell sein sowie frei von Erschütterungen und Lärm. Vorteilhaft wirkt sich auch ein etwas feuchtes Klima in der Nestumgebung aus. Das soll nun nicht heißen, dass das Nest am Wasser liegen muss. Es soll lediglich auf Erdebene errichtet werden oder auch im Keller, wenn dieser nicht zu kalt ist. Ungeeignet sind dagegen zu trockene Räume oder gar der Dachboden. Als Orientierungshilfe möge vielleicht dienen, dass bei der künstlichen Brut mit einer relativen Luftfeuchtigkeit von 60 Prozent gebrütet wird. Diese Luftfeuchtigkeit sollte auch in der Umgebung der Glucke nicht unterschritten werden. Ist es mehr, so schadet es bei der Naturbrut nicht.

In trockenen Gegenden sollte man als Unterlage des Nestes Grassoden nehmen, da diese die Feuchtigkeit gut halten. Es ist ferner darauf zu achten, dass die brütende Henne nicht durch andere Hühner gestört werden kann oder diese sogar noch weitere Eier in das gleiche Nest legen. Die Glucke sollte also von den anderen Hühnern getrennt gesetzt werden. Gut bewährt hat sich auch das Verdunkeln des Nestes mit einem Sack oder einem anderen luftdurchlässigen Vorhang. Setzt man mehrere Glucken, so sind diese auch voneinander getrennt zu setzen, damit sie sich nicht gegenseitig stören können oder womöglich alle auf einem Nest sitzen wollen und die Eier im anderen Nest dann kalt werden. Als Nest eignen sich einfache Kästen oder auch geflochtene Körbe. Der Eingang sollte aber nicht so hoch sein, damit die Glucke nicht fliegen muss, um das Nest zu erreichen. Je nach Größe der Glucke ist eine Eingangshöhe zwischen 10 und 15 cm zu wählen. An die Größe werden keine besonderen Anforderungen gestellt, sofern sich die Glucke genügend darin bewegen kann. Wichtig ist auch, dass das Nest nicht auseinanderfallen kann, wenn es auf dem blanken Boden errichtet wurde. Um dies zu verhindern, kann man ein paar Ziegelsteine um das Nest legen. Mit der Einstreu des Nestes braucht man nicht so wählerisch zu sein, sie sollte nur nicht zu hart sein. Weiches Stroh oder auch Heu sind gut geeignet.

Als weiteren wichtigen Punkt möchte ich die Sicherheit gegen Raubtiere, wie Marder, Ratten oder Fuchs, nennen. Gegen diese Räuber kann die Glucke sich nicht wehren, sodass der Züchter verhindern muss, dass diese die Glucke überfallen können.

Je nach Größe der Glucke ist es unterschiedlich, wie viele Eier man unterlegen kann. Es dürfen auf keinen Fall mehr Eier untergelegt werden, als die Henne bebrüten kann. Werden zu viele untergelegt, werden die äußeren Eier an einer Seite zu kalt. Da die Henne die Eier aber oft wendet und dabei auch von außen nach innen verteilt, werden alle Eier geschädigt. Die Folge ist ein schlechtes Schlupfergebnis.

Folgende Angaben mögen als Hilfe dienen: Orpington (groß) etwa 15 Eier, Orpington-Zwerge zwölf Eier, Seidenhuhn zehn Eier.

39 | Naturbrut spricht alle Züchterherzen an. Sie bietet aber keine besonderen Vorteile gegenüber der Kunstbrut.

Durch Beobachtung kann man aber auch leicht feststellen, ob die Glucke alle Eier gut wärmen kann. Wenn die Henne auf dem Nest sitzt, dürfen keine Eier mehr durch die Federn zu sehen sein. Ist dies der Fall, kann die Henne die Eier auch gut bebrüten und es ist alles in Ordnung. Vor dem eigentlichen Unterlegen der Bruteier ist es aber ratsam, die Glucke ein bis zwei Tage auf einigen Gipseiern sitzen zu lassen. Dies ist für die Henne so eine Art Vorübung, sie bekommt ein Gefühl für die Eier und ist nicht mehr so stürmisch. Auch ist es ein abschließender Test, ob die Glucke tatsächlich auf den Eiern sitzen bleibt. Besteht die Henne diesen Test, kann man die Bruteier unterlegen.

Von nun an ist darauf zu achten, dass die Henne täglich vom Nest geht, um Futter und Wasser aufzunehmen sowie Kot abzusetzen. Sauberes Futter und Wasser sollte für die Glucke immer bereitstehen. Stellt man fest, dass die Henne das Nest nicht von selbst verlässt, muss sie heruntergenommen werden. Dabei fasst man mit einer Hand vorsichtig unter die Henne und mit der anderen auf den Rücken. Das Ganze sollte aber ruhig und vorsichtig geschehen, damit keine Eier aus dem Nest gezerrt und beschädigt werden. Es ist zu bedenken, dass es Hennen gibt, die das Nest von allein nicht verlassen. Diese Hennen würden ohne Hilfe des Züchters auf dem Nest verhungern.

Wenn alles gut abgestimmt ist, wird man sich nach 21 Tagen an schönen und gesunden Küken erfreuen können. Die in Naturbrut ausgebrüteten Küken sind aber, was die spätere Entwicklung und Leistung angeht, keineswegs besser als die mit einer Brutmaschine ausgebrüteten, wie dies oft irrtümlich behauptet wird. Bezüglich des Schlupfergebnisses ist die Kunstbrut heute der Naturbrut sogar schon überlegen. Dies trifft besonders in der Wirtschaftsgeflügelzucht zu.

Nach meinem Verständnis ist es auch unwahrscheinlich, dass mit Naturbrut ausgebrütete Küken später mehr glucken. Ob eine Henne gluckt oder nicht, liegt in der Vererbung begründet und ist nur langfristig über diese zu erreichen.

Brutentwöhnung

Wer seine Küken ausschließlich mit der Brutmaschine, also der künstlichen Brut, ausbrütet, braucht selbstverständlich keine Glucken und wird versuchen eine Naturbrut zu verhindern. Das ist natürlich nicht so einfach und es wird immer wieder vorkommen, dass mal eine oder auch mehrere Hennen glucken. Wie schon ausgeführt, ist der Bruttrieb stark rassebedingt und vererbbar.

Nun wird kein Züchter nur wegen des Bruttriebs eine Rasse abschaffen, die ihm sonst gefällt. Es kommt vielmehr darauf an, den Hennen das Glucken schnell abzugewöhnen. Führt man genau Buch bzw. führt man Stammbaumzucht durch, so kann man diesen Bruttrieb langfristig züchterisch beeinflussen. Es wird jedoch immer mal zu gluckenden Hennen kommen.

Speziell für diese Glucken kann man sich einen Gluckenkäfig bauen. Das Wichtigste bei diesem Käfig ist der Boden. Dieser sollte aus stabilem Drahtgeflecht bestehen. Nach Möglichkeit sollte es sich dabei um punktgeschweißten Draht handeln mit einer Maschenweite von etwa 3 × 6 cm. Wichtig ist, dass die Tiere gut darauf stehen können. Die Seiten sind ebenfalls aus Draht zu fertigen, wobei es hier nicht so genau auf die Maschenweite ankommt. Auch braucht es sich bei den Seitenteilen nicht um punktgeschweißten Draht zu handeln. Der Sinn des Drahtes ist, dass die Hennen die Wärme nicht halten können. Sehr wichtig ist außerdem auch, dass der Käfig mit einem Futter- und Wassergefäß versehen ist. Gut bewährt hat sich die Anbringung der Gefäße von außen, da dies die Bedienung erleichtert und Futter sowie Wasser immer schön sauber bleiben. Der Käfig sollte in einem hellen Raum entweder auf Steine gestellt oder an der Wand aufgehängt werden. Zu beachten ist, wenn der Käfig im Stall bei den anderen Hühnern bleibt, dass ein schräges Dach darüber montiert wird, damit die anderen Tiere sich nicht darauf setzen und die Glucken bekoten können.

Als Futter sollte man den Glucken nach Möglichkeit nur Legemehl ohne Körner anbieten. Es soll also eine möglichst eiweißreiche Fütterung durchgeführt werden.

Auf diese Art werden die Tiere schon nach kurzer Zeit aufhören zu glucken. Durch die eiweißreiche Fütterung werden sie bald wieder mit dem Legen anfangen. Wichtig ist dabei, dass den Hennen ein Tag mit mindestens 14 Stunden zur Verfügung steht, damit sie genügend Futter aufnehmen können. In der Regel wird dies zu den Zeiten, in denen die Hennen glucken, und in einem hellen Stall auch gegeben sein. Wo dies nicht gewährleistet ist, ist es mit künstlicher Beleuchtung sicherzustellen.

Der Vollständigkeit halber möchte ich noch erwähnen, dass es früher oft üblich war, die Glucken für einige Tage ohne Futter und Wasser in einen Sack zu sperren und den Sack mit den Glucken dann an einem Balken aufzuhängen. Solche Methoden sind Tierquälerei und strikt abzulehnen! Die Tiere hören dann zwar auch auf zu glucken, aber nur aufgrund der Entkräftung, die dabei stattfindet. Durch diese Entkräftung dauert es dann wiederum sehr lange, bis solche Tiere wieder legen und gut aussehen. Ein wirklicher Tierfreund, und das sollte jeder Züchter sein, wendet solche Methoden ohnehin nicht an.

Kükenaufzucht mit einer künstlichen Wärmequelle

Sobald die Küken in der Brutmaschine abgetrocknet sind, können sie unter die Wärmequelle (Kunstglucke) gesetzt werden. Entgegen oft anders lautenden Meinungen können die Küken auch gleich Futter und Wasser bekommen. Man braucht hiermit aber keine Eile zu haben, da die Küken durch den Dottersack noch für etwa 24 Stunden mit Nahrung versorgt sind. Das erste Wasser sollte lauwarm sein. Später braucht man sich diese Arbeit nicht mehr zu machen. Viel wichtiger ist, dass das Wasser immer sauber ist. In den ersten Tagen stellt man das Wassergefäß auf eine Pappunterlage oder ein Brettchen. Das Futter streut man entweder auf Wellpappe, Papier oder Ähnliches. Auch Eierkleinpackungen für zehn Eier sind geeignet. Bei Letzteren sollte man allerdings die Herkunft kennen, um sicher zu sein, dass man sich keine Krankheiten einschleppt. Futter und Wasser sind in den ersten Tagen nicht weiter als 20 cm von der Wärmeplatte entfernt bereitzustellen.

Gleichzeitig sollen aber auch schon mit Futter befüllte Kükenfuttertröge hingestellt werden, damit sie diese gleich kennenlernen. Nach etwa einer Woche können die Küken auch schon aus den Trögen fressen; das Papier kann nun entfernt werden. Auch kann die Tränke schon etwas erhöht aufgestellt werden. Als Faustregel gilt, dass der Rand der Tränke etwa in Rückenhöhe der Küken sein soll. Oder, was noch besser ist, dass die Futter- und Trinkgefäße so auf ein Brettchen gestellt werden, dass die Küken noch auf diesem stehen können, um zu trinken. Man sollte beobachten, ob die Tränke eventuell zu hoch ist. Im Allgemeinen wird das Springvermögen der Küken aber meist unterschätzt und die Tränke zu niedrig aufgestellt. Es ist peinlich darauf zu achten, dass die Umgebung der Tränke nicht durch Spritzwasser feucht wird. Im feuchtwarmen Klima um die Tränke herum bilden sich sonst leicht Kokzidien und die Tiere bekommen die gefürchtete Kokzidiose. Feuchte oder gar nasse Streu ist auszutauschen. Dies ist die beste Vorsorge gegen Kokzidiose.

Ganz wichtig ist auch ein Gefäß mit Kies oder Grit, da die Küken dies benötigen, um das Futter im Magen zu zerreiben. Das ersetzt sozusagen die Zähne.

Als Einstreu für den Kükenstall sollten Stroh oder Hobelspäne verwendet werden. Da das heute erhältliche Stroh schon durch das Pressen recht kurz ist, ist es sehr gut für den Kükenstall geeignet.

Strohmehl, Torf oder Ähnliches ist nicht geeignet. Da dieses Material sehr staubt, begünstigt es das Federfressen. Wenn man gutes Stroh bekommen kann, das weder feucht noch schimmelig ist, so ist dies das beste Einstreumaterial. Es schadet nicht, wenn es etwas länger ist als anderes Material. Seit einiger Zeit sind im Handel auch Ballen mit zerkleinertem Rapsstroh erhältlich.

Die besten Erfolge wird man in der Kükenaufzucht erzielen, wenn man sich an der Natur orientiert. So wäre es zum Beispiel unsinnig, wenn man den ganzen Kükenstall auf 30 °C heizen würde. Die Glucke hat auch nur Wärme unter dem Gefieder, ferner ist es unter dem Gefieder der Glucke dunkel. Aus diesen Überlegungen heraus bin ich persönlich auch kein Freund von Strahlern als Wärmequelle, welcher Art sie auch sein mögen. Infrarot- oder Dunkelstrahler sind zwar in der Anschaffung billiger, aber natürlicher ist eine Küken-Wärmeplatte. Strahler

40 | Wärmeplattenhäuschen mit aufgesetzter Haspel. Sie verhindert das Aufsitzen des Geflügels durch die Drehung.

können den Küken nicht das Gefühl der Geborgenheit vermitteln. Auch haben die Küken unter einer dunklen Wärmeplatte mehr Ruhe. Dies ist auch der Grund, weshalb die Tiere bei Strahlern oft die Wärme nicht richtig finden und sich an irgendeiner Stelle im Kükenring zusammendrängen und frieren.

Ich verwende schon seit vielen Jahren durch einfache Stufenschalter regelbare Elektroplatten. Diese Platten sind seitlich mit aufgeschnittenen Stoffresten versehen. Diese Stofffransen halten einmal die Wärme unter der Platte und zum anderen können die Küken hindurchschlüpfen wie durch die Federn einer Glucke. Damit sich die Küken nicht auf die Platte setzen und diese bekoten, habe ich sie mit einem schrägen Dach versehen. Auf dem First des Daches ist eine Haspel angebracht, die es den Tieren unmöglich macht, sich auf diese zu setzen. Oft werden aus Kostengründen einfache, runde und drehbare Stangen angebracht. Diese Stangen sind ungeeignet, da die Tiere schnell lernen, diese Drehbewegungen auszubalancieren. Die Temperatur unter der Platte oder dem Strahler soll in den ersten Tagen 32 °C betragen.

Ein erfahrener Züchter sieht aber schon am Verhalten der Küken, ob die richtige Wärme vorhanden ist. Die Tiere sollen lose unter der Wärmequelle liegen. Drängeln sie sich darunter, ist es zu kalt. Liegen sie weit von der Wärmequelle entfernt, dann ist es zu warm. Das Thermometer dient in der Regel also nur zum Einregulieren, was aber nicht heißen soll, dass es nicht auch im Kükenstall hängen soll. Gerade in den ersten Wochen ist es gut zu wissen, wie hoch die Temperatur im Kükenstall ist. Die Wärmequelle im Kükenstall ist etwa 24 Stunden vor dem Einsetzen der Küken einzuschalten, damit diese gleich eine gut durchwärmte Einstreu vorfinden. Wenn es während der Kükenaufzucht sehr kalt sein sollte, ist es ratsam, die Futter- und Wasserstelle auf etwa 20 °C zu erwärmen, damit die Tiere genügend Futter aufnehmen können und nicht bei der Futteraufnahme frieren. Hierzu kann man einen elektrischen Strahler verwenden, den man einfach über der Futterstelle anbringt. Ich würde einen Dunkelstrahler empfehlen. Es muss aber unbedingt darauf geachtet werden, dass es nicht zu warm unter dem Strahler wird, damit sich die Küken nicht unter dem Strahler hinlegen. Ist dies der Fall, muss man ihn höher hängen. Ausruhen und wärmen sollen sie sich ja unter der Platte. In der Re-

41 | Kükenring aus Hartfaserplatten in der Wirtschaftsgeflügelzucht.

gel ist eine zusätzliche Beheizung der Futterstelle aber nicht erforderlich.

Damit die Küken keine Zugluft bekommen und sich auch nicht zu weit von der Wärmeplatte entfernen können, hat sich ein Ring aus Hartfaser gut bewährt. Dazu kauft man sich am besten eine ganze Hartfaserplatte beim Holzhandel und sägt sie entweder selbst oder lässt sie sich im Holzhandel der Länge nach einmal durchschneiden.

Die Hartfaserplatte kann nun leicht zu einem Ring geformt werden. Zusammengehalten werden die Plattenteile mit zwei etwa 50 cm langen Latten, in die man in die Mitte einen 1,5 cm breiten und 40 cm langen Keil einsägt. Diese Latten kann man dann wie eine Wäscheklammer über die Nahtstellen stecken. Der Durchmesser des Rings lässt sich bei Bedarf leicht verändern und dem Platzbedarf der Küken anpassen. Vor dem Kauf einer solchen Platte sollte kein Züchter zurückschrecken, denn es handelt sich um eine Anschaffung, die man viele Jahre nutzen kann.

Damit die Tiere in den ersten Tagen genügend Futter aufnehmen können, bekommen sie die ersten zwei Tage durchgehend 24 Stunden Licht. Danach reichen zwölf bis 14 Stunden aus.

Bei dieser Aufzuchtmethode kommt es ganz selten vor, dass mal ein Küken verendet. Auch hat man mit Federfressen oder gar Kannibalismus keine Sorgen. Diese Untugenden sind immer auf Haltungsfehler zurückzuführen und sollten der Vergangenheit angehören.

Als Futter hat sich handelsübliches Kükenfutter, wie bereits beim Abschnitt Kükenfütterung beschrieben, bestens bewährt. In der Kükenaufzucht ist unbedingt darauf zu achten, dass genügend Tröge und Tränken vorhanden und die Tiere nie ohne Futter oder Wasser sind. Die Gesamtlänge der Tröge sollte so bemessen sein, dass es nie zu einem Gedränge an den Trögen kommen kann. Bis zur 4. Woche rechnet man 3 cm Troglänge je Küken, 6 cm bis acht Wochen und 8 cm für Junghennen.

Weiter ist darauf zu achten, dass der Kükenstall nicht überbesetzt wird. In den ersten Wochen kann man zwölf bis 15 Tiere pro Quadratmeter Stallfläche rechnen. Diese Zahlen sind für Tiere einer mittelschweren Rasse ausgelegt. Für Zwerghühner und schwere Rassen sind die Zahlen entsprechend zu korrigieren.

Zusammenfassend kann man sagen, dass die Kükenaufzucht das Fundament der Geflügelzucht ist. Geräte und Futter sind heute aber so ausgereift, dass Misserfolge eigentlich nur durch grobe Fehler hervorgerufen werden können. Ab etwa acht Wochen sind die Küken dann wie Junghennen zu behandeln.

42 | Eine Henne führt ihren Nachwuchs im Auslauf.

Die natürliche Aufzucht mit der Glucke

Hat man die Eier von der Glucke ausbrüten lassen, ist die Aufzucht der Küken eigentlich unproblematisch. Die Glucke wärmt die Küken, sorgt für Nahrungsaufnahme und schützt sie vor Feinden. Letzteres sollte jedoch nicht überschätzt werden, denn die Glucke ist nur begrenzt in der Lage, die Küken gegen alle Feinde zu verteidigen. Der Züchter sollte sich daher nicht darauf verlassen, dass den Küken in Begleitung der Glucke nichts passieren kann. Im Gegenteil, wenn die Glucke ihre Küken führt, lauern viele Gefahren zu Boden und aus der Luft. Gefahren auf dem Boden lauern den Küken durch Hunde, Katzen, Marder, Iltis u. a., aus der Luft durch Bussard und Sperber. Dies muss aber nicht überall der Fall sein. Ich erwähne es nur, damit der Züchter dies mit in Erwägung ziehen kann. Hat man zu befürchten, dass den Küken durch Raubvögel oder Raubwild Gefahr drohen könnte, ist es besser, man beugt vor, als dass man später den Schaden hat. Eine Voliere, die rundherum, das heißt auch an der Decke, mit engmaschigem Draht (25 mm Maschenweite oder geringer) versehen ist, ist ideal; hier sind die Tiere optimal geschützt.

Der Bau eines Aufzuchtkastens mit angrenzender Voliere ist eine weitere Möglichkeit, die Küken zu schützen. Man kann diese Gerätschaft dann im Obstgarten oder auf dem Rasen aufstellen und täglich den Platz wechseln, sodass die Küken stets frische Weide vorfinden. Entgegen der weit verbreiteten Meinung kann den Küken schon gleich nach dem Schlupf Futter angeboten werden. Dies ist in den ersten Tagen, genau wie bei der künstlichen Aufzucht auch, auf eine saubere Auflage, wie z. B. Wellpappe, zu streuen. Gleichzeitig sollten aber auch schon kleine Kükenfuttertröge mit Futter bereitgestellt werden, damit sich die Küken schnell daran gewöhnen können. Mit der Nahrungsaufnahme ist aber keine Eile geboten. Sollten die Küken nicht gleich unter der Henne herauskommen, um Nahrung aufzunehmen, braucht man sich keine Sorgen zu machen, denn die Küken sind noch für ungefähr 24 Stunden durch ihren Dottersack mit Nahrung versorgt. Als Futter reicht man am besten handelsübliches Kükenmehl oder Presskorn. Es ist aber unbedingt darauf zu achten, dass das Futter nicht nass wird.

Sauberes Wasser reicht man in einer kleinen Kükentränke, wie sie im Landhandel erhältlich ist. Es ist zu bedenken, dass die Tränkrinne nicht zu groß sein soll, da es sonst vorkommen kann, dass Küken darin ertrinken. Aus diesem Grunde sind auch große Tränken oder gar offene Gefäße nicht zu verwenden. Es ist anzuraten, das erste Wasser etwa handwarm zu reichen. Danach ist dies nicht mehr erforderlich und man kann das Wasser direkt aus der Leitung verwenden. Das

Wasser ist täglich zu erneuern, wobei auch die Tränke mit einer Bürste oder der Hand kurz gereinigt werden sollte. Dass dabei möglichst kein Wasser verschüttet werden sollte, brauche ich wohl nicht extra zu erwähnen. Auch darf es nicht vorkommen, dass die Tränke leer wird. Sollte es aus irgendwelchen Gründen doch einmal vorkommen und ist zu erwarten, dass die Tiere gierig trinken werden, sollte das Wasser jedoch zuvor angewärmt werden.

Möchte man den Küken besonderes Futter zukommen lassen, das nur sie erreichen können, kann man ein Futterhäuschen bauen mit senkrechten Gitterstäben, die so eng sind, dass nur die Küken hindurchschlüpfen können. Der Futtertrog innerhalb dieses Futterhäuschens muss so weit von den Gitterstäben entfernt stehen, dass die Glucke oder die anderen Hennen ihn nicht erreichen können, wenn sie den Hals durch die Gitterstäbe stecken. Der Trog muss also weiter weg stehen als der Hals lang ist. Da diese Futterhäuschen oftmals im Freien stehen, sollten sie mit einem regendichten Dach versehen sein, damit das Futter nicht nass werden kann. Ist das Futterhäuschen etwas größer gebaut, kann man auch gleich das Wasser mit hineinstellen; so ist dieses auch gleich vor Verschmutzungen durch die Glucke geschützt. Für die Glucke kann man dann die Tränke in Rückenhöhe aufstellen, sodass auch dieses Wasser vor Verschmutzung weitgehend geschützt ist. Sind die Küken sechs bis acht Wochen alt, bedürfen sie der führenden Henne nicht mehr unbedingt, es schadet aber auch nicht. Ansonsten sind die Küken nun wie Junghennen zu behandeln.

Kükenaufzucht ohne Federfressen

Zunächst möchte ich feststellen, dass Federfressen bei wild lebenden Tieren nicht vorkommt. Da auch unsere Haushühner von den wild lebenden Urhühnern abstammen, sollte man annehmen, dass Federfressen auch bei diesen nicht vorkommen kann. Dem ist leider nicht so. Es kommt hin und wieder vor, dass sich Küken aus den unterschiedlichsten Gründen anpicken.

Man kann aber davon ausgehen, dass diese Untugend immer auf Haltungsfehler zurückzuführen ist. Betrachtet man das Verhalten der Hühnervögel in der Natur, so stellt man fest, dass die Tiere ständig mit der Nahrungssuche beschäftigt sind. Sie bekommen also nie Langeweile. Diese Nahrungssuche entfällt in der heutigen Kükenaufzucht aber weitgehend, da der Züchter ja Futter und Wasser bereitstellt. Hierdurch kann es leicht zu Langeweile bei den Tieren kommen, die dann das Federfressen begünstigen kann.

Leichte Rassen wie z. B. Italiener oder Leghorn sind hierfür besonders anfällig, da sie sehr lebhaft sind und besonders viel Beschäftigung benötigen. Wenn man die Küken aber so naturnah wie möglich aufzieht, wird es nicht zum Federfressen kommen. Nun ist dies oft nicht so einfach, es gibt aber einige Grundregeln, die man unbedingt beachten sollte. So ist unter anderem darauf zu achten, dass den Tieren ständig frisches Wasser und Futter zur Verfügung steht. Es darf einfach nicht vorkommen, dass die Tränke leer wird. Bemerkt man, dass das Wasser den Tag über knapp werden könnte, ist eine zweite oder eventuell eine größere Tränke aufzustellen. Der Züchter sollte es sich zur Gewohnheit machen, bei jedem Stallbesuch auch eine Kontrolle der Wasser- und Futtergefäße durchzuführen. (Ich verweise auf die im Kapitel „Die Tränke“ zu findenden Ausführungen zur Höhe der Tränkenaufstellung.)

Ferner kann eine unzweckmäßige Einstreu das Federnpicken begünstigen. Besonders sehr trockene Torfeinstreu oder Strohmehl staubt sehr und macht sie somit für die Kükenaufzucht ungeeignet. Der Staub führt zu Juckreiz auf der Haut. Die Folge ist, dass die Tiere sich kratzen, was dann leicht zu Blutungen der Federkiele führen kann. Blutet ein Küken aber erst einmal, ist es die Neugierde der übrigen Küken, die dann das Federpicken auslöst. Leider bleibt es dann nicht dabei, dass nur ein Küken pickt. Als beste Einstreu haben sich kurzes Stroh oder Maschinenhobelspäne bewährt. Sand sollte ebenfalls nicht verwendet werden oder höchstens für die ersten Tage. Dagegen ist Kies aber in einem besonderen Gefäß als Fressangebot bereitzustellen. Die Küken benötigen die Steinchen bekanntlich für den Magen; sie verbessern außerdem die Futterverwertung. Bei der natürlichen Aufzucht suchen die Küken, wenn sie draußen genügend Futter gefunden haben und satt sind, unter der Glucke Wärme und Schutz.

Bei der künstlichen Aufzucht gibt es Wärmequellen (Kunstglucken), die diesem Vorbild sehr nahe kommen: z. B. mithilfe einer Wärmeplatte mit herunterhängenden Fransen, denn unter dieser ist es dunkel und warm wie unter der Glucke. Die Küken ruhen darunter und stören sich nicht dauernd gegenseitig, wie dies unter Strahlern oft vorkommt. Wichtig ist, dass der Raum um die Kunstglucke herum nicht zu warm ist. Die Küken fressen sich dann satt und werden anschließend wieder die Wärmequelle aufsuchen, um sich zu wärmen und auszuruhen. Die Wärmeplatten weisen in der Regel nur eine geringe Wattleistung auf und durch die Fransen bleibt die Wärme unter der Glucke. Andererseits ist aber darauf zu achten, dass die Küken bei der Futteraufnahme nicht frieren. Wie schon beschrieben, kann ein nicht zu tief gehängter Strahler Abhilfe schaffen. Ist der Aufzuchtraum zu warm, haben die Küken keine Veranlassung, nach der Sättigung die Wärmequelle aufzusuchen. Sie ruhen dann nicht so und bekommen leicht Langeweile mit den bekannten Folgen. So kann ein zu warmer Aufzuchtraum auch zum Federfressen beitragen. Auch die Art der Wärmequelle kann dies begünstigen.

Nach meinen Erfahrungen sind Wärmestrahler, egal ob dunkel oder hell, zwar in der Anschaffung günstig, sie können aber zu erheblichen Nachteilen in der Kükenaufzucht führen. Der Züchter kann die Küken zwar besser beobachten, aber es fehlen die Dunkelheit und die Geborgenheit. Die Küken liegen nicht so ruhig darunter wie unter einer Wärmeplatte. Sollte der Kükenstall im Sommer witterungsbedingt etwas warm werden, werden die Tiere die künstliche Wärmequelle nicht mehr so oft aufsuchen. Scheint an Sonnentagen gar die Sonne direkt in den Stall, legen sich die Tiere gern mit ausgebreiteten Flügeln in diese Sonnenstrahlen. Oft glänzen dann die kleinen Federkiele richtig in der Sonne, was wiederum die Neugierde der übrigen Küken weckt und sie nach diesen glänzenden Federkielen picken lässt. Es ist dann nur noch eine Frage der Zeit, bis ein Federkiel blutet. Die anderen Küken picken danach und das Federpicken hat seinen Anfang genommen.

Das Eindringen der Sonnenstrahlen in den Kükenstall kann man verhindern, indem man dünne Styroporplatten (etwa 1 cm stark) vor den Fenstern anbringt. Der Stall erhält hierdurch ein gleichmäßiges Licht und die Tiere können sich somit nicht in die Sonnenstrahlen legen. Auch eine Überbesetzung des Stalles kann zum Federfressen führen. Ist der Züchter aber aufmerksam und gewissenhaft, wird dies nicht vorkommen. Sollte es aber, aus welchen Gründen auch immer, trotzdem mal zum Federfressen kommen, so sind die angepickten Stellen mit Holzteer zu bestreichen. Holzteer kann man in der Apotheke kaufen. Er muss mit einem einfachen sauberen Holzspan aufgetragen werden. Sind die Küken aber erst einmal „auf den Geschmack" gekommen, muss schnell gehandelt werden, damit sich diese Untugend nicht ausweitet. Holzteer hat für die Tiere einen brennenden Geschmack, sie werden mit dem Schnabel schlagen und die angepickten Tiere haben ihre Ruhe. Holzteer ist ungiftig und für die Tiere unbedenklich. Die Verwendung von Holzteer ist aber nur zur Behandlung der angepickten Stellen gedacht. Haben die Küken erst einmal mit dem Federfressen begonnen, ist die Ursache zu suchen und rasch abzustellen.

Kann das Federpicken mit Holzteer nicht zum Stoppen gebracht werden, bleibt nichts weiter übrig, als den Stall so weit abzudunkeln, dass die Tiere gerade noch genügend Licht haben, um Futter und Wasser zu finden. Die angepickten Stellen werden dann schnell verheilen und man wird in der Regel schon nach wenigen Tagen die Lichtmenge wieder etwas erhöhen können. Ist die Ursache dadurch abgestellt, wird es auch nicht mehr zu erneutem Federpicken kommen.

Die Junghennenaufzucht

Ein Grundsatz in der Junghennenaufzucht ist: Junghennen sollen reifen. Das soll heißen, dass Junghennen nach der schnellen Entwicklungsphase in den ersten sechs bis acht Wochen nun eine etwas eiweißärmere Fütterung erhalten sollen. Um dies zu erreichen, stellt der Handel spezielles Junghennenfutter zur Verfügung. Dieses langsamere Wachstum kommt besonders den späteren Zuchttieren zugute. Es kommt immer wieder vor, dass Züchter ihre Tiere künstlich treiben, indem sie ihnen während der gesamten Entwicklungszeit sehr eiweißreiches Futter reichen.

Dies bringt zwar kurzzeitige Erfolge, aber auf Dauer gesehen ist es eher schädlich. Die erst später auftretenden Folgen einer solchen Fütterungsmethode sind, dass die Tiere infolge des zu schnellen Wachstums sehr anfällig gegen Krankheiten werden und auch in der Zucht versagen. Nun kann es aber durchaus einmal vorkommen, dass man vermutet, die Tiere seien zu leicht. Dies kann durch Wiegen aber leicht festgestellt werden. Ist dies der Fall, kann man abends noch eine Körnergabe zufüttern. Auch kann man durch Zufüttern von Mais die gelbe Farbe der Läufe noch etwas intensiver bekommen. Aber Vorsicht, besonders durch die Zugabe von Mais können die Tiere auch leicht verfetten. Wenn man davon ausgeht, dass Junghennenalleinfutter (Mehl oder Pellets) gefüttert wird, ist diese zusätzliche Körnergabe nach einiger Zeit wieder einzustellen bzw. stark zu reduzieren. Verfettete Hühner legen später schlecht und zeigen auch in der Zucht schlechte Ergebnisse.

Junghennen sollen, nach Möglichkeit, auch in einem schönen geräumigen Auslauf aufgezogen werden. Ist es vom Platz her möglich, kann man die Junghennen in einfachen Junghennenhütten unterbringen und diese dann von Zeit zu Zeit etwas im Auslauf versetzen. So haben die Tiere immer eine schöne Grasnarbe. Der Auslauf wird um die Hütten herum nicht matschig und die Tiere wachsen schön gesund heran. Da die Junghennenaufzucht in den Sommermonaten stattfindet, können die Hütten auch recht einfach gebaut werden. Einfache Bretterställe, die Schutz vor Raubzeug, Wind und Regen bieten, reichen völlig aus. Die Vorderseite kann ganz mit Drahtgeflecht bespannt sein. Eine kostspielige Isolierung ist bei diesen Hütten ebenfalls nicht erforderlich, wohl aber muss darauf geachtet werden, dass die Tiere nachts keiner Zugluft ausgesetzt sind. Zwischen den Brettern dürfen keine Ritzen entstehen. Sind doch einmal welche entstanden, reicht es zunächst aus, wenn sie mit Heu zugestopft werden. Die Drahtbespannung sollte engmaschig sein und Raubtiere fernhalten, wobei zu bedenken ist, dass besonders Wiesel sehr schlank sind. Um sicher zu sein, empfehle ich eine Maschenweite von 20 mm bis 25 mm. Die Hütten sind so aufzustellen, dass die Vorderseite zu der dem Wind abgewandten Seite zeigt.

43 | Heiz- und tragbare Junghennenställe in Verbindung mit einem variablen Auslauf.

An die Inneneinrichtung der Junghennenhütten brauchen ebenfalls keine besonderen Ansprüche gestellt zu werden, eine gute, etwa 5 cm dicke Strohschicht reicht als Einstreu völlig aus. Sitzstangen sollten den Tieren noch nicht angeboten werden, da sonst die Gefahr der Brustbeinverkrümmung besteht. Es ist zu empfehlen, diese nicht vor einem Alter von drei Monaten bereitzustellen. Bis dahin sollten die Tiere auf dem Boden übernachten.

Ab einem gewissen Alter fangen die Junghähne an, die Hennen zu treten. Spätestens zu diesem Zeitpunkt sind sie von den Junghennen zu trennen. Versäumt man dies, können einige Junghennen erheblichen Schaden nehmen. Durch das ungestüme Treten einiger Junghähne wird nicht nur das Gefieder zerstört, es kann sogar zu Todesfällen kommen. Dieses zum Teil aggressive Verhalten ist ebenfalls rassebedingt. Wer seine Tiere gut beobachtet und die Rasse kennt, wird auch abschätzen können, welche Vorsichts-

44 | Junghennen sollten stets getrennt von den Alttieren gehalten werden.

maßnahmen er diesbezüglich treffen muss. Aber auch bei den Hähnen im Hähneauslauf kann es zu Verletzungen durch das zeitweise doch recht heftige Jagen kommen. Es sind daher Gerüste, ähnlich Heureutern, aufzustellen, damit die gejagten Hähne eine Fluchtmöglichkeit haben. Hähne, die auf diese Gerüste flüchten, werden in der Regel nicht weiter verfolgt und haben ihre Ruhe.

Züchter, denen nicht so viel Platz zur Verfügung steht, können ihre Junghennen auch bedenkenlos im Stall aufziehen. Die Aufzucht in einem gut gelüfteten Stall mit trockener Einstreu ist allemal besser als in einem zu kleinen und nassen Auslauf, der womöglich noch mit Krankheitskeimen und Wurmeiern durchsetzt ist.

Die Junghähne sind auf jeden Fall von den Junghennen zu trennen und gegebenenfalls in Einzelbuchten zu halten.

Ferner ist anzuraten, die Junghennen getrennt von den Alttieren zu halten, damit auch von dieser Seite her keine Krankheitskeime, Würmer bzw. Wurmeier übernommen werden können.

In der Regel sind die Jungtiere zwischen der 8. und 12. Woche zu beringen. Dies ist sehr stark von der Rasse abhängig. Es ist auch darauf zu achten, dass die Ringe der Rasse entsprechen, das heißt, für jede Rasse gibt es vorgeschriebene Ringgrößen. Auch sind die Ringe für Hennen und Hähne unterschiedlich groß. Der Rassegeflügelzüchter verwendet die vom Bund Deutscher Rassegeflügelzüchter im Standard festgehaltenen Bundesringe, die er über die Ringverteilerstelle des jeweiligen Landesverbandes beziehen kann. Um die richtigen Ringe für seine Tiere zu bestellen, sind über den Geflügelzucht- bzw. Kleintierzuchtverein, dem der Züchter angehört, Ringbestellkarten erhältlich. Diese Ringe sind geschlossen und haben jedes Jahr eine andere Farbe, sodass man schon an dieser Farbe das Geburtsjahr des Tieres erkennen kann. Die Ringe sind den Tieren so anzulegen, dass die Zahlen, wenn das Tier steht, auf dem Kopf stehen. So ist gewährleistet, dass man die Ringnummer, wenn man das Tier gefangen hat und unter dem Arm hält, gut ablesen kann. Die Beringung selbst erfolgt in der Art, dass man die drei Vorderzehen durch den Ring schiebt und den Ring dann nach hinten weiter schiebt. Die hintere Zehe wird dabei nach hinten gedrückt, bis sie wieder aus dem Ring heraus ist.

Der Züchter sollte unbedingt darauf achten, dass er die Beringung zum richtigen Zeitpunkt vornimmt. Die Ringe sollen sich leicht über den Fußballen schieben lassen. Zu prüfen ist auch, ob die Ringe überhaupt schon aufgezogen werden können. Setzen die Ringe beim Zurückziehen leicht auf dem Ballen auf, werden sie nicht mehr verloren gehen. Kann man sie jedoch wieder abziehen, ohne dass sie den Fußballen berühren, ist es noch zu früh und es besteht die Gefahr, dass die Tiere die Ringe wieder verlieren. In diesem Falle ist noch eine Woche zu warten und man versucht es dann erneut. Aber Achtung, der richtige Zeitpunkt ist auch schnell verpasst und man bekommt die Ringe entweder nur sehr schwer oder gar nicht mehr aufgezogen! In einer solchen Situation kann das Einschmieren der Ringe und des Fußballens mit Seife helfen. Man kann versuchen, den Ring unter ständigem Drehen über den Ballen zu bekommen. Bei dieser Prozedur sind die Schuppen mit dem Fingernagel stets unter den Ring zu schieben, damit sie nicht abbrechen. Auch ist beim Vorschieben des Ringes sehr behutsam vorzugehen. Irgendwann ist der Zeitpunkt überschritten und der Ring ist auch mit diesen Hilfsmitteln nicht mehr über den Fußballen zu bekommen. Wendet man zu große Gewalt an, besteht die Gefahr, dass man dem Tier den Fuß bricht. Ich denke aber, dass der aufmerksame Züchter seine Ringe rechtzeitig bestellt und auch aufpasst, dass er den optimalen Zeitpunkt des Beringens nicht versäumt.

Wurmkur beim Junggeflügel

Im Alter von etwa 20 bis 25 Wochen sollte beim Junggeflügel eine Wurmkur durchgeführt werden, denn es gibt kaum eine Geflügelherde, die völlig wurmfrei ist. Der durch Wurmbefall verursachte Schaden kann beträchtlich sein. Die von Würmern befallenen Tiere sind in ihrer Entwicklung sehr gehemmt. Insbesondere Spulwürmer sind beim Geflügel weit verbreitet, aber auch Haar- und Bandwürmer können im Geflügelbestand vorhanden sein. Während Spulwürmer mit dem bloßen Auge leicht zu erkennen sind, sind die anderen Wurmarten nur im Labor zu diagnostizieren. Ein geübtes Auge erkennt einen Wurmbefall schon am Aussehen seiner Tiere.

Oft haben von Würmern befallene Tiere ein eingefallenes, blasses Gesicht, besonders um die Augen herum, der Schnabel erscheint besonders lang, Kamm und Kehllappen sind blass und klein. Bei Spulwurmbefall kann man die Würmer vereinzelt im Kot vorfinden. Der Züchter sollte daher beim Ausmisten darauf achten, ob sich ausgeschiedene Spulwürmer im Mist befinden. Bei etwas Aufmerksamkeit sind diese etwa 5 cm langen und 1 mm dicken, weißen Würmer leicht zu erkennen.

Ist ein Wurmbefall bei den Tieren festgestellt, gibt es beim Tierarzt wirksame und gut verträgliche Medikamente. Am einfachsten ist die Verabreichung der Medikamente über das Trinkwasser. Je nach Wurmart ist dies aber nicht immer möglich. Alternativ zur Verabreichung über das Trinkwasser ist das Medikament über das Futter zu verabreichen, dem es in der angegebenen Menge beigemischt wird. Zweckmäßigerweise mischt man die zu verabreichende Menge auf einmal an und gibt jeden Tag die erforderliche Ration bei der Fütterung.

Zur Vorbeugung gegen Würmer haben sich Wurzeln, Knoblauchsaft u. Ä. bewährt, zur Therapie sind sie jedoch nicht geeignet. Da heute gut verträgliche und wirksame Medikamente erhältlich sind, sollte jeder Züchter bei seinen Tieren generell eine vorbeugende Behandlung mit Wurmmitteln vom Tierarzt durchführen. Eine solche Behandlung kann den Tieren nicht schaden, aber immer nutzen. Nur gesunde Tiere können später eine gute Legeleistung erbringen und ein schönes Aussehen zeigen, sodass der Züchter viel Freude an ihnen hat.

Bei der Behandlung ist darauf zu achten, dass die von den Tieren ausgeschiedenen Würmer nicht wieder von den Junghennen gefressen werden können und so unter Umständen eine Neuansteckung erfolgt.

Das Umstallen der Tiere

Nicht selten kommt es vor, dass Hühner in einen anderen Stall verbracht werden müssen, also umgestallt werden. Die Tiere sollten aber nicht eher umgestallt werden, bevor der neue Stall entsprechend vorbereitet ist. Hierzu zählen gründliches Saubermachen, Einstreuen sowie das Bereitstellen von Futter und Wasser.

Möchte man Küken umstallen, so ist darauf zu achten, dass die Tiere sich nicht gleich erkälten. Je nach Alter der Tiere ist die Wärmequelle schon einen Tag vorher anzuheizen, damit die Einstreu und der Fußboden schon erwärmt sind, wenn die Tiere eingesetzt werden. Dies gilt aber nur für Küken bis zu einem Alter von etwa sechs bis acht Wochen. Für Junghennen gilt sinngemäß das Gleiche wie für Althennen. Häufiges Umstallen ist aber zu vermeiden. Die Tiere müssen sich in der neuen Umgebung erst wieder zurechtfinden. All dies führt zu einer gewissen Belastung und ist mit Stress verbunden. Die Entwicklung wird mehr oder weniger negativ beeinflusst.

Problematischer wird das Umstallen von bereits legenden Hennen; hier spielt die Jahreszeit eine wesentliche Rolle. Im Frühjahr sind die Hühner nicht so empfindlich. Zu anderen Jahreszeiten, besonders im Herbst, sollte man es sich aber genau überlegen, ob ein Umstallen unbedingt sein muss oder ob man es bis zum Frühjahr aufschieben kann. Stallt man legende Hennen im Spätsommer oder Herbst um, besteht die Gefahr, dass sie aufhören zu legen und in die Hals- oder gar Vollmauser gehen. Es dauert dann sehr lange, bis die Tiere wieder ihr schönes Federkleid angelegt haben und anfangen zu legen. Ist ein Umstallen zu diesen ungünstigen Zeiten unvermeidbar, kann man durch geeignete Maßnahmen versuchen, die mit der Umstallung unweigerlich verbundenen negativen Folgen zu kompensieren oder wenigstens zu lindern. Zu diesen Maßnahmen zählen eine zusätzliche Vitamingabe schon etwa eine Woche vor dem Umstallungstermin und eine besonders gute Fütterung am Tag des Umstallens. Eventuell ist auch eine zusätzliche eiweißreichere Futtergabe, wie dies z. B. durch Verfüttern von Magermilchpulver möglich ist, in Betracht zu ziehen. Das Magermilchpulver wird mit Wasser zu einem sämigen Brei angerührt und einfach über das Legemehl gegeben. Aber Vorsicht! Nicht zu viel geben; nur so viel, wie die Tiere in 15 bis 20 Minuten auffressen. In der Regel wird dies etwa 1 Liter für zehn Tiere sein. Dies sollte man dann aber einige Tage weiter geben und nach einer Woche langsam wieder beenden. Auch kann man am ersten Morgen nach der Umstallung die Beleuchtung ein bis zwei Stunden früher einschalten. Am anderen Tag ist diese aber wieder zurück auf die bisherige Zeit zu stellen. Das Umstallen geht abends, wenn die Tiere bereits auf den Stangen sitzen, sehr gut. Die Beleuchtung kann dabei entweder ganz oder nur teilweise ausgeschaltet werden. Zweckmäßigerweise setzt man die Tiere so, wie sie auch im alten Stall gesessen haben, im neuen Stall auf die Sitzstangen. Die Tiere finden dann am anderen Morgen die gleichen Nachbarn vor wie im alten Stall und es gibt deshalb schon weniger Unruhe. Auch können sich die Tiere bei beginnendem Tag bzw. beim Einschalten der Beleuchtung langsam an die neue Umgebung gewöhnen. Nach Möglichkeit sollte man den neuen Stall so einrichten, wie die Tiere es auch bisher gewohnt waren. Es geht ja darum, die Veränderungen für die Tiere so gering wie möglich zu halten. Je besser dies gelingt, desto schneller werden die Tiere die Umstellung verkraften.

Wenn legende Hennen umgestallt werden, kann es leicht vorkommen, dass sie die Nester nicht gleich finden und Eier in die Einstreu legen wollen. Um dies nicht zum Dauerzustand werden zu lassen, ist es erforderlich, dass man diese Hennen greift und in ein Nest setzt. Bleibt die Henne nicht im Nest sitzen, weil sie es nicht kennt, muss man sie im Nest einsperren. Am besten geht dies natürlich, wenn man Fallennester hat. Die Henne muss dann so lange im Nest bleiben, bis sie gelegt hat. Eine zweistündliche Kontrolle ist dabei ausreichend. Hat die Henne erst einmal im Nest gelegt, wird sie ihre Lektion gelernt haben und von nun an immer das Nest zum Legen aufsuchen.

Auch das Verbringen der Tiere zu einer Ausstellung ist für sie mit erheblichem Stress verbunden und kommt einer Umstallung gleich. Nun soll dies

45 | Umstallungen bedeuten stets Stress für die Tiere. Es wird empfohlen, abends in einen gleich eingerichteten Stall umzustallen. Dann finden sich alle Tiere schnell zurecht.

aber kein Hinderungsgrund sein, seine Tiere auf Ausstellungen zu verbringen. Der Züchter kann aber auch hier, wie bei der normalen Umstallung, den Tieren helfen, diesen Stress besser zu verkraften.

Wer auf einer Ausstellung Tiere kaufen möchte, sollte ebenfalls daran denken, die Umstellung für die Tiere so gering wie möglich zu halten. Man kann den Züchter, wenn möglich, nach dem verwendeten Futter, der Beleuchtungszeit usw. fragen. Eventuell ist es sogar möglich, das gleiche Futter zu füttern oder sich etwas Futter vom Züchter zu besorgen. Durch langsames Vermischen mit dem eigenen Futter können sich die Tiere dann an das neue Futter gewöhnen. Es ist auch vorteilhaft, gleichartige Futter- und Tränkgefäße zu verwenden, da die Tiere diese dann schon kennen und so Futter und Wasser in der neuen Umgebung leichter finden.

Der Vitaminstoß

Wie der Name schon vermuten lässt, handelt es sich bei dieser Art der Vitamingabe um eine kurze Verabreichungszeit, im Gegensatz zu anderen Vitamingaben, die über einen längeren Zeitraum gegeben werden können. Die für einen Vitaminstoß vorgesehenen Vitaminkissen enthalten eine hohe Dosierung der verschiedenen künstlich hergestellten Vitamine. Bei gesunden Tieren ist aber ein Vitaminstoß völlig ausreichend. Der Vitaminstoß wirkt für die Tiere kräftigend und hat keinerlei Nachteile.

Die Durchführung eines Vitaminstoßes ist sehr einfach und erfolgt in der Regel über das Trinkwasser. Für kleinere Tierbestände bis zu 80 Tieren ist ein Vitaminkissen mit A-D-E-C-Vitaminen, das man in vielen Zoohandlungen sehr preiswert bekommen kann, ausreichend.

Die Dosierung ist gemäß den Angaben auf der Verpackung durchzuführen. Es ist zu beachten, dass eine geringe Überdosierung den Tieren nicht schadet. Eine höhere Überdosierung ist jedoch zu vermeiden, ebenso sollten die Abstände der einzelnen Vitaminstöße nicht zu dicht aufeinander folgen, es sollten schon einige Monate dazwischen liegen.

Vitaminpräparate, gleich welcher Art, sind kühl aufzubewahren (im Kühlschrank oder im kühlen Keller).

Hygiene in der Hühnerhaltung

Eine sehr wichtige Komponente in der Hühnerhaltung ist die Sauberkeit; sie ist ein wesentlicher Bestandteil der Hygiene. Nur wer seine Tiere und deren Umgebung sauber und hygienisch hält, wird auf Dauer gesunde Tiere haben. Die Hygiene beschränkt sich aber nicht nur auf die Sauberkeit der Ställe, auch Futter, Tränkgefäße und der Auslauf müssen mit einbezogen werden. Je größer die Herde ist, desto strenger sollte man die Hygienemaßnahmen einhalten. Eine der Grundregeln der Hygienemaßnahmen ist, dass man Jung- und Althennen voneinander getrennt hält. Auf diese Weise lässt sich schon weitgehend vermeiden, dass Krankheitskeime von den Althennen zu den Junghennen übertragen werden können.

Eine sehr effektive prophylaktische Maßnahme ist es, vor jedem Stall eine Desinfektionsmatte auszulegen. Das Wechseln der Schuhe erfüllt den gleichen Zweck, ist aber etwas zeitraubender. Ich denke, in der Hobbyhaltung sind solche strengen Maßnahmen auch nicht unbedingt erforderlich, wenn der eigene Tierbestand ansonsten gesund ist. Es sei denn, dass der Ausbruch einer ansteckenden Krankheit in der näheren Umgebung dazu Anlass gibt. Es sollte jedem Züchter in Fleisch und Blut übergehen, dass er immer zuerst die Junghennen versorgt und dann die Althennen. Es kann durchaus vorkommen, dass die Althennen Krankheitskeime in sich tragen, ohne dass sie selbst daran erkranken. Auch ein Wurmbefall liegt durchaus im Bereich des Möglichen. Diese Keime oder Wurmeier können dann leicht mit dem Schuhwerk übertragen werden.

Weitere Hygienemaßnahmen sind tägliches Reinigen der Tränken. Zu diesem Zweck ist eine ausgediente Abwaschbürste, wie sie im Haushalt verwendet wird, gut geeignet. Jeder Stall sollte aber seine eigene Bürste bekommen. Am besten ist es, wenn man die Bürsten nach dem Tränkewaschen im oder am Stall aufhängt, damit sie trocknen können, denn Keime lieben es feucht und dem kann man durch das Trocknen entgegenwirken.

Als Nächstes ist das Futter zu nennen. Auch hier ist darauf zu achten, dass den Tieren immer frisches, sauberes und unverdorbenes Futter zur Verfügung steht. Legemehl sollte stets in sauberen Trögen gereicht werden. Werden Körner zugefüttert, kann man diese, sofern die Einstreu trocken ist, in die Einstreu geben. Tränken und Futtertröge sind erhöht aufzustellen, sodass sie nicht mit Einstreu verschmutzt werden können. Als Faustregel kann man hier Rückenhöhe der Tiere annehmen.

Einmal wöchentlich ist auch der Hühnerkot mit einer Spachtel von den Sitzstangen usw. zu entfernen. Zur Aufnahme des Nachtkots ist es angebracht, eine Kotgrube oder einen Kotkasten unter die Sitzstangen zu bauen, so kommen die Tiere mit diesem Kot nicht in Berührung und eventuell ausgeschiedene Spulwürmer können nicht mehr von den Tieren aufgenommen und verbreitet werden. Die Hygiene endet aber nicht an der Hühnerstallklappe, sondern auch im Auslauf muss auf Sauberkeit geachtet werden. Im Einzelnen heißt dies, man sollte darauf achten, dass der Auslauf nicht hühnermüde wird oder besonders im Herbst nasse und matschige Stellen entstehen. In der feuchten Jahreszeit und auch im Winter ist es besser, man lässt die Tiere ganz im Stall. So hat auch der Auslauf Ruhe und kann sich etwas regenerieren. Für die Gesundheit der Tiere ist es allemal besser, in einem schönen trockenen Stall geschützt zu sein als in einem nassen, vielleicht mit Wurmeiern durchsetzten Auslauf – von den vielen Schmutzeiern, die durch einen matschigen Auslauf anfallen, ganz zu schweigen.

Natürlich sollte der Züchter auch darauf achten, dass der Stall ungezieferfrei bzw. frei von Mäusen und Ratten bleibt. Diese Schadnager fressen nicht nur Futter, sondern verunreinigen das Futter auch und können so Krankheiten übertragen.

Vor jeder Neubesetzung wird der Stall gründlich gereinigt und desinfiziert. Dies hat in der Weise zu gesche-

46 | Ein vor Wind und Regen geschütztes Staubbad dient der Hygiene in der Hühnerhaltung. Sand jährlich wechseln!

hen, dass sämtliche Gegenstände, wie Sitzstangen, Nester, Tröge, Tränken usw. aus dem Stall entfernt werden, um sie dann mit Wasser abzuspritzen. Der Stall selbst ist ebenfalls mit Wasser gründlich zu säubern. Zu diesem Zweck ist ein Hochdruckreiniger sehr gut geeignet, denn nur richtig saubere Gegenstände können desinfiziert werden. Bei der Wahl des Desinfektionsmittels ist darauf zu achten, dass es in der Desinfektionsmittelliste verzeichnet und für Hühner zugelassen ist sowie den speziellen Anforderungen entspricht. Hat man in der Vergangenheit vermehrt Würmer festgestellt, ist ein Desinfektionsmittel zu wählen, das auch Wurmeier unschädlich machen kann. Nur spezielle Mittel wie z. B. Dekaseptol, Helasept, Eimeran erzielen diese Wirkung. Für die Tränk- und Futtergefäße sind diese Mittel aber nur bedingt geeignet. Besonders bei den Tränken ist Vorsicht geboten. Auf jeden Fall sind Futter- und Tränkgefäße gut mit klarem Wasser nachzuspülen. Erst wenn der Stall wieder trocken und eingerichtet ist, kann man ihn neu besetzen.

Zugekaufte Tiere sind ein bis zwei Wochen isoliert von den übrigen Tieren zu halten, um sie zu beobachten, damit durch sie keine Krankheiten eingeschleppt werden

Das Staubbad

In der Natur pflegen sehr viele Vögel und Hühnervögel im Staub zu baden. Dies dient auf natürliche Art der Ungezieferbekämpfung. Das in einer Ecke des Stalles oder im Auslauf hergerichtete Staubbad bietet auch unseren Haushühnern diese Möglichkeit der Ungezieferbekämpfung. Der Züchter hat nun entweder die Möglichkeit, aus ein paar Brettern eine Kiste für das Staubbad selbst zu bauen oder eine solche zu kaufen. Dazu sind die in jedem Baumarkt erhältlichen Kindersandkisten gut geeignet. Zur Füllung des Staubbades ist jeder trockene und feine Sand oder auch eine einfache sandige Erde zweckdienlich.

Wer einen Ofen oder Kamin hat, in dem Holzasche anfällt, kann auch von dieser etwas untermischen; sie ist sehr gut geeignet. Die Füllhöhe der Staubkiste sollte 20 bis 25 cm betragen. Sehr wichtig ist, dass das Staubbad an einem trockenen und vor Regen geschützten Ort errichtet wird, denn nur in trockenem Staub können die Hühner baden. Im Auslauf errichtete Staubkisten sind unbedingt zu überdachen. Gut bewährt hat sich eine geringe Zugabe eines am Tier anwendbaren Ungezieferpulvers. Aber Vorsicht, ein Zuviel kann den Tieren schaden, wenn sie es beim Sandbad in die Augen bekommen sollten. Es soll ja nur den abgefallenen Milben ein Überleben in der Staubkiste erschwert werden. Der Inhalt der Staubkiste sollte mindestens einmal im Jahr gewechselt werden.

Mit Beleuchtung auch im Winter Eier

Wenn im Herbst die Tage kürzer werden, stellt sich der Organismus der Tiere langsam auf den Winter ein. Bei unseren Hühnern geschieht dies, indem die Tiere die Eierproduktion verringern bzw. ganz einstellen und das Federkleid wechseln. Sie gehen in die Mauser. In der freien Natur hat dies auch seinen Sinn, denn bei der ungünstigen Witterung des Winters kann keine Nachzucht aufgezogen werden. Durch die im Herbst stattfindende Mauser wird das Federkleid dichter und schützt so besser gegen die Kälte. Da wir unseren Tieren aber einen warmen Stall zur Verfügung stellen, sind sie gegen diese Unbilden weitgehend geschützt. Eine Mauser ist also nicht unbedingt erforderlich.

Durch den schützenden Stall allein behalten die Tiere aber noch nicht ihre Legetätigkeit bei, sondern wir müssen ihnen vermitteln, dass die Tage für sie nicht kürzer werden. Der Organismus des Geflügels registriert nämlich die zur Verfügung stehende Lichtintensität und die Lichtdauer mit der Hirnanhangdrüse (Hypophyse). Nimmt die Lichtdauer ab, so wirkt sich dies auf die Hormonproduktion aus, was wiederum zur Folge hat, dass der Organismus der Tiere sich auf den Winter einstellt. Durch gezielte zusätzliche Lichtgabe können wir die Hormonproduktion nun aber so beeinflussen, dass die negativen Folgen der kürzer werdenden Tage weitgehend kompensiert werden. Der Stall braucht dazu nicht taghell erleuchtet zu sein, aber eine gewisse Lichtintensität muss schon vorhanden sein. Man kann als Faustzahl 4 Watt (herkömmliche Glühlampen) je Quadratmeter oder 15 Lux in Bodennähe annehmen. Um Strom zu sparen, sollte man Energiesparlampen verwenden. Damit die oben angeführten Werte erreicht werden, ist eine 8- oder 11-Watt-Sparlampe für einen Stall mit bis zu 20 Tieren ausreichend. Es ist aber unbedingt darauf zu achten, dass der ganze Stall gleichmäßig ausgeleuchtet wird. Besonders auf den Sitzstangen dürfen keine dunklen Ecken sein.

47 | a) Falsche Beleuchtungseinstellung bündelt das Licht.

b) Richtig eingestellte Beleuchtung muss den gesamten Stall erhellen.

Die Beleuchtungsdauer sollte so eingestellt werden, dass eine Tageslänge von zwölf bis 14 Stunden zur Verfügung steht. Etwa im November/ Dezember kann man die Lichtgabe noch um eine weitere Stunde verlängern. Dies geschieht zweckmäßigerweise in Intervallen von wöchentlich 10 Minuten, bis die Höchstmenge von 15 Stunden erreicht ist. Mehr als 15 Stunden sollte man Zuchttieren aber nicht geben, da die Tiere sonst zu sehr strapaziert werden. Auf der anderen Seite kann den Tieren durch rechtzeitige zusätzliche Lichtgabe auch die kräftezehrende Mauser erspart werden. Wenn dennoch Tiere in die Mauser gehen sollten, wird die Mauserzeit wesentlich kürzer sein. Die Beleuchtungsdauer kann man bequem mithilfe einer Schaltuhr, die man für wenig Geld überall kaufen kann, einstellen. Mit einem Kunststoffbeutel und einem Gummi kann die Schaltuhr leicht gegen Staub geschützt werden. Ob nun morgens oder abends beleuchtet wird, ist im Grunde unwichtig; der Züchter kann es so einstellen, wie es ihm am besten passt. Ein einmal im Herbst eingestellter Rhythmus sollte jedoch nicht verändert werden, da die Tiere auf jede krasse Änderung empfindlich reagieren. Zu bedenken ist, dass die Tiere wenige Stunden nach „Tagesbeginn" auch legen.

Selbstverständlich muss ständig eiweißreiches Futter zur Verfügung stehen. Hierzu ist das im Handel erhältliche Legemehl plus abendliche Körnergabe oder Alleinmehl bzw. Alleinkorn ohne Körnerzugabe am besten geeignet. Ständig sauberes Wasser ist wohl eine Selbstverständlichkeit. Bei Frost ist darauf zu achten, dass es nicht einfriert.

Grundsätzlich sollte sich jeder Züchter sehr genau überlegen, ob es sinnvoll ist, die Tiere im Winter in den Auslauf zu lassen.

Ich lasse meine Tiere in den Wintermonaten nicht in den Auslauf. In einem guten Stall mit sauberer Luft und trockener Einstreu sind die Tiere besser aufgehoben als im Auslauf. Ein kühler Kopf schadet den Tieren nicht, wohl aber nasse Füße.

Ein Züchter, der es versteht, seine Tiere auch im Winter unter möglichst günstigen Bedingungen zu halten, wird auch in den kalten Monaten immer Eier für die Brutmaschine oder die Pfanne haben.

Die Mauser

Es ist ein natürlicher Vorgang, dass alle gefiederten Tiere im Herbst ihr Federkleid wechseln – sie mausern.

Wer keine künstliche Beleuchtung durchführt, wird die Mauser wohl kaum verhindern können. Dies ist nicht weiter schlimm, denn die Mauser ist ja keine Krankheit. Dauer und Art der Mauser sind dabei sehr unterschiedlich. Manche Tiere mausern schneller durch, andere wieder langsamer. Ebenso verhält es sich mit der Zahl der verlorenen Federn. Einige Tiere mausern fast unbemerkt, andere stehen fast nackt da. Der Federwechsel ist für die Tiere aber in jedem Fall eine sehr große körperliche Belastung. Die Tiere sollten in der Mauserzeit ein besonders eiweißreiches Futter erhalten, damit sie diese Strapazen gut und schnell überstehen. Nach der Mauser besitzen die Tiere wieder ein schönes glänzendes Federkleid.

Einige Züchter schicken ihre Tiere bewusst in die Mauser, damit sie zur Zeit der Ausstellung durchgemausert sind und so eine „gute Figur" abgeben. Man nennt dies dann Zwangsmauser. Diese Zwangsmauser wird zweckmäßigerweise schon im Juli eingeleitet, damit die Tiere dann auch im Oktober, wenn die Ausstellungen beginnen, durchgemausert sind. Das Einleiten der Zwangsmauser erfordert eine besondere Stresssituation für die Hühner.

Dies kann nun wiederum auf verschiedene Arten geschehen und ist auch von den einzelnen Gegebenheiten abhängig; so kann es schon ausreichen, wenn man die Tiere, denen vorher immer ein Auslauf zur Verfügung stand, plötzlich nur noch im Stall hält und ihnen völlig anderes Futter verabreicht. Als zusätzliche Maßnahme kann man die Fenster verdunkeln und ihnen den Tag um vier bis fünf Stunden verkürzen. Wie bei jeder Mauser, ist aber gerade bei der künstlich eingeleiteten Mauser zu bedenken, dass die Legetätigkeit auch für einige Wochen fast völlig eingestellt wird. Manche Züchter entziehen den Tieren für ein bis zwei Tage das Wasser. Diese drastische Maßnahme halte ich aber als Tierfreund – und das sollten doch alle Züchter sein! – für nicht empfehlenswert. Wenn die Tiere dann nach wenigen Tagen mit der Mauser beginnen, kann man diese Zwangsmaßnahmen langsam wieder aufheben und den Tieren durch besonders gute Pflege helfen, über diese Zeit hinwegzukommen.

Eine leichtere Art der Mauser ist die Halsmauser, die sich überwiegend auf die Halsbefiederung bezieht. Die Halsmauser tritt meist nur bei Junghennen auf und wird ebenfalls durch Stress hervorgerufen.

Gewinnung sauberer Eier

Jeder Geflügelzüchter sollte bestrebt sein, stets saubere Eier aus dem Stall holen zu können. Dies ist nicht nur aus optischen, sondern auch aus hygienischen Gründen eine Notwendigkeit. Leider lässt es sich aber nicht vermeiden, dass es hin und wieder mal einige Schmutzeier gibt. Durch gezielte Maßnahmen lässt sich jedoch der Anteil an verschmutzten Eiern bis fast auf Null reduzieren. Diese Maßnahmen können einmal baulicher Art und einmal pflegerischer Art sein.

Zu den baulichen Maßnahmen gehören die Nester und der Zugang zu diesen. Zu den pflegerischen gehören die Nesteinstreu, das Sammeln der Eier und die Beschaffenheit des Umfeldes wie Einstreu und Auslauf. Es ist sehr wichtig, dass den Tieren Nester in genügender Zahl und Größe zur Verfügung stehen. So rechnet man ein offenes Nest für fünf Hennen und ein Fallennest für drei Hennen. Man sollte aber lieber ein paar Nester mehr aufstellen, besonders wenn man nur wenige Tiere im Stall hält. Ein schräges Dach und hochklappbare Anflugleisten verhindern, dass sich die Tiere nachts oben auf bzw. in die Nester setzen und diese mit Kot beschmutzen; besonders neu eingestallte Tiere neigen leicht zu dieser Unart. Bei diesen neu eingestallten Tieren klappt man die Anflugleisten der Nester dann am späten Nachmittag oder wenn alle gelegt haben hoch. Nach Einbruch der Dunkelheit werden sie dann wieder heruntergeklappt. So gewöhnen sie sich gar nicht erst an, auf den Nestern zu nächtigen. Nach einer Zeit der Eingewöhnung wissen die Tiere dann, wo sie schlafen sollen, und das Hochklappen der Anflugleisten wird nicht mehr erforderlich sein. Weiter ist darauf zu achten, dass die Hennen, wenn sie aus dem Auslauf kommen, nicht auf dem kürzesten Weg das Nest betreten können, sondern auf dem Weg dorthin sich schon etwas die Füße sauber laufen. Sie können dabei durch die Einstreu laufen oder über einen Laufsteg aus Drahtgeflecht zu den Nestern geleitet werden.

Alle diese Maßnahmen nutzen aber nichts, wenn nicht auf saubere Nesteinstreu geachtet wird. Als Nesteinstreu eignet sich am besten Heu oder Stroh. Kokos- oder auch Gummimatten sind ebenfalls brauchbar. Ich verwende jedoch am liebsten Heu oder Stroh. Es kommt ab und an vor, dass eine Henne in die Einstreu legt; auch dies kann zu Schmutzeiern führen. Solche Hennen sind zu fangen und so lange in ein Nest zu sperren, bis sie gelegt haben. Hierzu ist es erforderlich, dass man das Nest verschließen kann, wie dies bei Fallennestern üblich ist. Meist hat das Tier dann schon beim ersten Mal seine Lektion gelernt und wird in Zukunft immer das Nest zum Legen aufsuchen. Hennen, die durch dünnschalige Eier Schmutzeier verursachen, sind auszumerzen. Sollte es infolge schlechter Witterung zu Schmutzeiern kommen, so hilft nur häufigeres Sammeln. In der Regel wird aber einmaliges Sammeln pro Tag ausreichen.

Legenest oder Fallennest

Legenest ist nicht gleich Legenest. Es gibt Nester in verschiedenen Ausführungen, die sich der Züchter wohl auch in der Regel selbst herstellen kann. So gibt es das einfache offene Nest, ohne oder mit Pendelklappe, als Abrollnest oder auch zum Einstreuen. In der Bauweise fast gleich ist das Fallennest, es hat lediglich an der Vorderseite die Fallenklappen angebracht. Vorwiegend in der Wirtschaftsgeflügelzucht wird das Familiennest verwendet. Als das Nonplusultra möchte ich das Fallennest bezeichnen.

Als Nesteinstreu für die offenen oder auch die Fallennester ist Heu oder Stroh geeignet, aber auch Kokos- bzw. Gummimatten können verwendet werden. Es handelt sich bei

48 | Fallennest, links Klappe hochgebunden, Mitte als Falle gestellt und rechts besetzt.

dieser Konstruktion um Nester, in die die ganze „Familie“ gleichzeitig legen kann. Sie sind einfach herzustellen und erfordern auch später wenig Arbeit. Es ist praktisch ein Kasten mit einem schrägen Dach und einem oder zwei Einschlupflöchern. Der Boden ist aus engmaschigem Drahtgeflecht. Familiennester sind mit einer etwa 10 bis 15 cm dicken Schicht aus Häcksel oder Kaff (Spreu) eingestreut, in die die Hühner dann die Eier legen. Beim Eiersammeln muss man allerdings die Einstreu gründlich durchsuchen, damit keine Eier liegen bleiben. Man rechnet bei diesen Nestern mit 1,5 Quadratmeter Nestfläche für hundert Tiere.

Wer jedoch eine genauere Kontrolle über seine Tiere wünscht, kommt am Fallennest nicht vorbei. Man rechnet drei Hennen auf ein Fallennest. Wer es sich zeitlich erlauben kann, dem möchte ich unbedingt zu diesen Nestern raten. Wer sie nicht selbst bauen möchte, kann über den Fachhandel verschiedene gute Nester beziehen. Die Größe ist auf die jeweilige Rasse abzustimmen, was jedoch am besten durch Eigenbau gewährleistet ist, da die im Handel erhältlichen für schwere Rassen oft zu klein sind.

Die Nester sind so zu bemessen, dass die Tiere aufrecht darin stehen und sich auch leicht umdrehen können. Letzteres ist für das Aussehen der Tiere besonders wichtig, da sich

49 | Die Maße eines Fallennestes.

die Hennen in einem zu kleinen Nest die Schwanzfedern abbrechen können, was dann unschön aussieht. Genaue Maße für jede Rasse anzugeben ist leider nicht möglich. Es gilt aber auch hier der Grundsatz, lieber etwas zu groß als zu klein. Ist man sich nicht sicher, welche Nestgröße für die jeweilige Rasse erforderlich ist, sollte man es mit einigen Probenestern aus einfachen Kisten ausprobieren.

Was die einzelnen Kontrollen angeht, so macht sich wohl auch mancher Züchter falsche Vorstellungen. Mit vier Kontrollen am Tage kommt man in der Regel völlig aus. Die erste Kontrolle braucht dabei nicht vor 9:00 Uhr zu sein, die weiteren dann um 11:00 und 14:00 Uhr, meist haben um diese Zeit bereits alle Tiere gelegt. Sicherheitshalber kann man dann gegen 16:00 oder 17:00 Uhr noch einmal nachsehen. Diese Kontrollzeiten sollen nur Anhaltspunkte sein. Je nach Rasse oder Lichtverhältnissen kann es durchaus sein, dass ein anderer Rhythmus erforderlich ist. Was die Abstände angeht, so sind es Erfahrungswerte, die ich gesammelt habe. Je nach Rasse und Temperament der Hühner können diese sich auch verändern. Man muss es ausprobieren.

Es macht den Tieren nichts aus, wenn sie mal ein paar Stunden im Nest sitzen. Aber so ungefähr sollten diese Zeiten schon eingehalten werden. Man merkt es auch am Verhalten der Tiere. Verschmutzen die Hennen das Nest, war der Abstand zu lange und man sollte überlegen, diese Kontrolle zu verlegen. Dabei ist aber zu bedenken, dass Junghennen anfangs immer etwas ungeduldiger sind. Finden die Kontrollen immer zur gleichen Zeit statt, werden sich die Tiere daran gewöhnen und auch ruhig warten, bis sie herausgelassen werden. In eine Legeliste kann man dann eintragen, wann das Huhn gelegt hat. Aber auch andere Auffälligkeiten, wie z. B. dünne Schale oder raue Schale, kleine Eier, Eifarbe, Befruchtung, Schlupf usw. kann man vermerken.

Es ist nicht unbedingt erforderlich, dass man das ganze Jahr über lückenlos kontrolliert. Es ist auch schon viel gewonnen, wenn man stichprobenartig kontrollieren kann. In der übrigen Zeit kann man die Fallennestklappe mit einer Schnur hochbinden, sodass die Hühner das Nest nach dem Legen wieder verlassen können. Sind die Hühner erst einmal an die Kontrollen gewöhnt, werden sie immer in die Nester gehen. Es ist ihnen dann gleich, ob sie als Fallen gestellt oder hochgebunden sind.

Wer es mit der Fallennestkontrolle einmal versucht hat, wird die Vorzüge zu schätzen wissen und nicht mehr darauf verzichten wollen.

Kotbrett oder Kotkasten

Damit der Nachtkot der Hühner nicht direkt auf den Stallboden fällt, ist eine Auffangvorrichtung unter den Sitzstangen anzubringen. Diese Auffangvorrichtung kann nun ein Kotbrett, das 25 bis 40 cm unter den Sitzstangen angebracht ist, oder eine Kotgrube sein. Das Kotbrett hat den Nachteil, dass die Tiere mit dem Nachtkot in Berührung kommen, was zur Folge hat, dass die Tiere sich die Füße beschmutzen und es so vermehrt zu Schmutzeiern kommen kann. Dies ist stets dann der Fall, wenn das Kotbrett

50 | Sitzstangen mit Kotbrett.

51 | Ein Vorteil des Kotkastens ist, dass darunter zusätzlicher Scharrraum entsteht.

etwas breiter oder der Abstand zu den Sitzstangen zu groß ist.

Eine nicht zu unterschätzende Gefahr besteht auch darin, dass es den Tieren möglich ist, eventuell vorhandene Krankheitskeime oder Wurmeier, die in der Nacht ausgeschieden werden können, wieder aufzunehmen. Diesen Nachteil kann man durch den Bau eines Kotkastens weitgehend ausschalten. Die Bauweise eines Kotkastens kann vielfältig sein und hängt auch weitgehend von den Stallverhältnissen ab. Allen Kotkästen gemein ist aber, dass unter den Sitzstangen ein Kasten angebracht ist, der oben vorzugsweise mit einem punktgeschweißten Drahtgeflecht versehen ist. Die Maschenweite sollte so gewählt werden, dass ein Ei nicht durchfallen kann (z. B. 3 × 6 cm). Das Drahtgeflecht ist auch möglichst dicht unter den Sitzstangen anzubringen, sollte aber nicht an diesen festgenagelt werden, damit die Sitzstangen zur Reinigung bzw. Ungezieferbekämpfung leicht herausgenommen werden können.

Der Abstand zwischen dem Kotgrubengeflecht und den Sitzstangen sollte nicht zu groß sein, da die Möglichkeit besteht, dass sich der Nachtkot, der sonst von den Tieren durch die Maschen hindurchgetreten wird, an den Kreuzungspunkten aufstapelt. Sollte es dennoch vorkommen, so ist er täglich oder in Abständen von we-

52 | Eine Kotgrube verhindert, dass die Tiere mit ihrem Kot zu sehr Kontakt bekommen.

53 | Eine Alternative zum Kotkasten ist eine Kotschublade.

nigen Tagen mit einer Spachtel vom Draht zu entfernen, da dies sonst Unterschlupfmöglichkeiten für die Roten Vogelmilben bietet. In einem etwas größeren Stall ist es möglich, den Kotkasten direkt auf den Stallboden zu bauen. Bei dieser Bauweise ist es ratsam, den Platz etwas größer zu bemessen, sodass man die Futtertröge und die Tränke auf dem Kotkasten platzieren kann.

Die Vorteile liegen darin, dass weniger Kot und was noch wichtiger ist, weniger Spritzwasser in die Einstreu gelangt. Ein auf dem Stallboden angebrachter Kotkasten hat ein größeres Fassungsvermögen, sodass man, besonders in den Sommermonaten, nicht so oft auszumisten braucht. Man sollte aber auch darauf achten, dass der Kot abtrocknen kann.

Um dies zu gewährleisten, sind die Seiten des Kotkastens möglichst mit engmaschigem Drahtgeflecht zu versehen. Lediglich die untersten 10 bis 20 cm sollten aus Brettern bestehen.

In kleineren Ställen bringt man den Kotkasten vorzugsweise erhöht an, damit die Bodenfläche darunter von den Tieren noch als Scharrraum genutzt werden kann.

Kotbrett oder Kotkasten sollten so angebracht sein, dass die Tiere vor Zugluft geschützt sind. Dies wird meist gegenüber den Fenstern sein. Außerdem ist darauf zu achten, dass darunter keine dunklen Ecken entstehen und man als Züchter ohne große Schwierigkeiten darunterschauen kann und eine Henne, die vielleicht ein Ei dort legen möchte, fangen kann.

Um dies zu gewährleisten, ist eine lichte Höhe von etwa 80 cm vom Boden anzustreben. Oft werden vom Züchter gut gemeinte Anflughilfen in Form einer Leiter oder eines Brettes angebracht. Diese sind bei leichten und mittelschweren Rassen nicht erforderlich. Oft wird die Flugfähigkeit der Tiere unterschätzt. Solche Anflughilfen nehmen nur Platz weg und sind unnötige Unterschlupfmöglichkeiten für Ungeziefer.

Der Futtertrog

Eine der wichtigsten Einrichtungsgegenstände im Hühnerstall ist der Futtertrog. Die Grundforderungen, die an einen Futtertrog gestellt werden sollten, sind ausreichende Größe und Länge sowie Schutz vor Futterverschwendung und Verschmutzung des Futters. Gute Futtertröge aus Metall oder Kunststoff sind im Fachhandel erhältlich. Die an den Trögen angebrachten Metallstäbe sollen ein Verschmutzen des Futters verhindern, indem die Tiere nicht mit den Füßen ins Futter gelangen und sich nicht auf den Rand des Troges setzen und so das Futter bekoten können.

Wer handwerklich geschickt ist, kann sich aber auch die Futtertröge aus Holz selbst herstellen. Wichtig hierbei ist, dass an den beiden Längsseiten eine nach innen etwa 1 bis 1½ cm überstehende Leiste angebracht wird, die das Herauswerfen des Futters verhindert. Über dem Trog ist eine Haspel anzubringen, die Verunreinigungen durch aufsitzende Tiere unterbindet. Stellt man die Tröge auf einem dafür hergestellten Gestell mit Anflugleisten auf, bleibt einerseits das Futter sauber und zum anderen können die Tiere den Raum darunter noch als Scharrraum nutzen. Die Höhe der

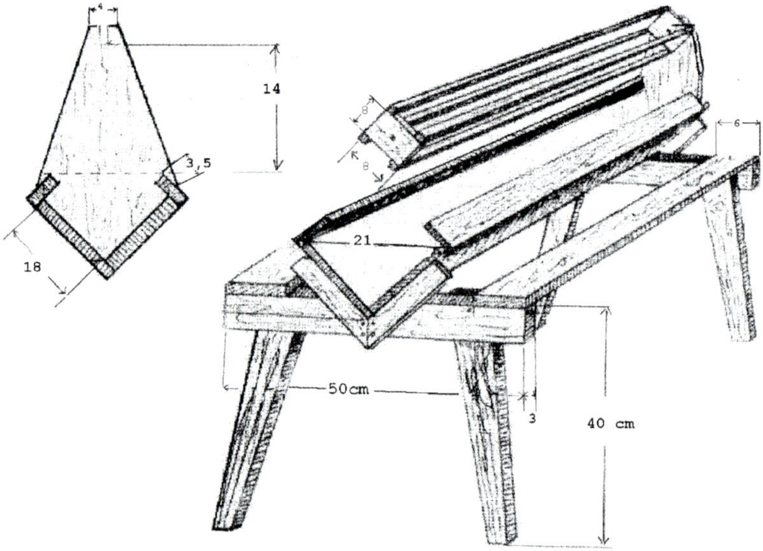

54 | Konstruktion eines Futtertrogs (Zeichnung: Heinrich Kreuser).

Aufstellung sollte etwa 50 bis 60 cm betragen.

Die Futtertröge sind dem Alter der Tiere entsprechend anzupassen, also Kükentröge, dann Junghennentröge und schließlich große Futtertröge für ausgewachsene Tiere. Kükentröge werden, besonders bei schwereren Rassen, für die Tiere bald zu klein, sodass sie mit dem Kopf nicht mehr durch die Stäbe passen. Spätestens zu diesem Zeitpunkt sollen die Tiere dann Junghennentröge erhalten. Wer eine Zwergrasse hält, kann unter Umständen auf große Tröge verzichten und auch für die ausgewachsenen Tiere Junghennentröge verwenden. Die Kükentröge können dann dementsprechend länger verwendet werden. Wie schon unter Stalleinrichtungen beschrieben, ist die Höhe dem Wachstum der Tiere anzupassen. Als Faustregel gilt, dass der obere Rand in Rückenhöhe der Tiere aufzustellen ist. Ideal ist es, wenn alle Tröge auf Gestellen stehen, sobald die Tiere diese erreichen. So können sie den Raum darunter auch noch als Scharrraum benutzen.

Die Haspel

Es ist ein natürlicher Trieb der Hühner, nachts aufzubäumen. Dies dient in der freien Natur dem Schutz vor Raubwild. Was in der Natur aber durchaus sinnvoll und nützlich ist, ist in unserer Haushuhnhaltung dagegen unerwünscht. Man kann es den Tieren nicht verübeln, wenn sie auch im Stall diesem natürlichen Trieb nachkommen möchten. Da die Tiere diese Stellen dann aber auch bekoten, wird der Züchter versuchen, das Aufsitzen

55 | Eine Haspel verhindert durch ihre Rotation das Aufsitzen des Geflügels.

zu verhindern. Dabei ist schon vieles ausprobiert worden, wie z. B. Rollen über den Futtertrögen oder auch wippende Bretter.

All dies ist aber nach meinen Erfahrungen unwirksam, da die Tiere sehr schnell lernen, die Bewegungen auszubalancieren und dann doch darauf sitzen können.

Das Einzige, was gegen das unerwünschte Aufsitzen hilft, ist eine Haspel. Solch eine Haspel kann man leicht aus vier Leisten und ein paar Brettchen herstellen. An jedem Ende befindet sich ein Brettchen, worauf die Leisten genagelt werden. Die Größe dieser Brettchen sollte aber 8 × 8 cm nicht unterschreiten. In der Mitte ist dieses Brettchen mit einem stabilen, aber nicht zu dicken Stift zu versehen. Ein dicker Nagel, den man eventuell etwas kürzt, hat sich gut bewährt. An den beiden Enden des Daches, das vor dem Aufbäumen geschützt werden soll, sind dann die Lager für diesen Stift anzubringen.

Es muss unbedingt darauf geachtet werden, dass sich die Haspel leicht drehen lässt. Fliegt nun ein Tier auf die Haspel, so dreht sich diese und es ist dem Tier somit unmöglich, darauf sitzen zu bleiben. Nach einigen Fehlversuchen versuchen sie es erst gar nicht mehr.

Fanghaken und Fanggitter

Der Fanghaken ist ein sehr nützliches, preiswertes Werkzeug und sollte eigentlich in keiner Hühnerhaltung fehlen. Dennoch ist er in der Hobbygeflügelzucht kaum bekannt.

Das Prinzip besteht darin, dass man mit dem Fanghaken ein Bein des Huhnes in den Haken gleiten lässt. Da der Ballen dicker ist als das Bein, bleibt das Huhn oder der Hahn im Fanghaken hängen und solange man daran zieht, wird es auch nicht mehr entweichen können. Nach etwas Übung ist das Fangen mit dem Fanghaken eine gute und für die Tiere auch schonende Methode, diese aus der Herde herauszufangen. Da man Fanghaken auch nicht in jedem Fachhandel kaufen kann, möchte ich die leicht

56 | Der Fanghaken ist praktisch, aber vielfach unbekannt.

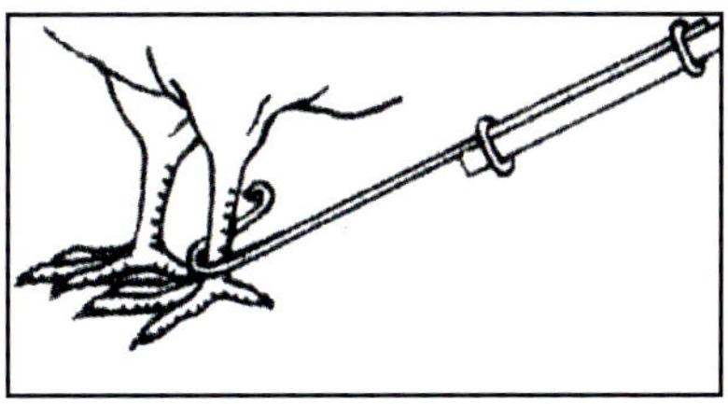

57 | Schemazeichnung und Einsatzmöglichkeit des Fanghakens.

selbst durchzuführende Herstellung kurz beschreiben.

Dafür benötigt man einen stabilen verzinkten Draht mit einem Durchmesser (Stärke) von etwa 5 bis 6 mm und einer Länge von etwa 1,25 m. Der eigentliche Fanghaken hat innen einen Abstand von 12 bis 16 mm. Wichtig ist dabei, dass er nicht zu eng ist, andererseits aber nicht so weit, dass der Ballen hindurchschlüpfen kann. Die käuflichen Fanghaken und die oben angegebenen Maße sind für leichte Hühnerrassen wie Leghorn, Italiener usw. ausgelegt. Für die meisten Rassen dürften diese Maße richtig sein, aber besonders für Zwerge sind sie entsprechend zu verändern.

Ein Fanggitter findet wohl eher selten Anwendung. Der Vollständigkeit halber möchte ich es aber kurz erwähnen. Der Fangrahmen besteht aus drei oder vier Teilen. Diese einzelnen Teile sind Rahmen, die mit Draht bespannt und beweglich miteinander verbunden sind. Möchte man nun mehrere Tiere fangen, sei es zum Impfen oder zum Beringen, kann man mithilfe des Fangrahmens einen Teil der Tiere in einer Ecke zusammentreiben und einsperren; sie können dann aus dem Gitter entnommen werden. Es ist aber unbedingt darauf zu achten, dass die Tiere nicht übereinander klettern, da sonst die Gefahr besteht, dass die unten befindlichen Tiere ersticken.

Die Ausstellung

Ein Höhepunkt im Dasein eines Hobbyzüchters ist das Zurschaustellen seiner Tiere auf einer Ausstellung, um dort dann in einem fairen Wettbewerb mit anderen Züchtern eine möglichst gute Benotung zu erzielen. Nun kommt dies aber nicht automatisch, sondern der Züchter braucht oft mehrere Jahre, um dieses Ziel zu erreichen. Gute Beobachtungsgabe, Kenntnisse der Vererbungslehre und strenge Auslese führen schließlich zum Erfolg. Sehr hilfreich kann hierbei auch das Studium der Musterbeschreibung, auch Standard genannt, für die einzelnen Rassen sein.

Man achte auch auf eine zweckmäßige Stalleinrichtung. So ist es für Ausstellungstiere besonders wichtig, dass sie sich die Federn nicht beschädigen, wie dies in zu kleinen Nestern oder bei zu engen Sitzstangen der Fall sein kann. Damit die Tiere sich auf der Ausstellung bestmöglich präsentieren, ist eine Käfigdressur unerlässlich. Nur Tiere, die an den Käfig gewöhnt sind, werden sich auf der Schau so ruhig verhalten, dass der Preisrichter eine optimale Beurteilung vornehmen kann. Je nach Temperament der einzelnen Rassen muss mit der Käfigdressur schon Wochen vor der Schau begonnen werden. Dies muss jeder Züchter aber für seine Tiere selbst herausfinden. Meist sind es die leichten Rassen, wie z. B. Italiener, Leghorn usw., die etwas lebhafter sind und somit auch etwas mehr Zeit zur Gewöhnung an den Käfig benötigen. In dieser Eingewöhnungsphase kommt es darauf an, die Umgebung den Gegebenheiten einer Ausstellung möglichst genau nachzustellen.

Zunächst kann man die Tiere nur für einige Stunden in den Käfig sperren. Der Käfig ist dabei so herzurichten, wie dies auch auf der Ausstellung ist. Also, wenn möglich, die gleiche Einstreu, Futter und Wassergefäße, wobei die Farbe der Näpfe wohl eine untergeordnete Rolle spielen dürfte. Wichtig sind aber Form und Anbringung. So könnte es z. B. erhebliche Probleme geben, wenn die Tiere an Nippeltränken gewöhnt sind und auf der Ausstellung nun aus Näpfen trinken sollen. Auch die Beleuchtungsverhältnisse sollten angepasst werden (künstliches Licht). Es ist aber unbedingt darauf zu achten, dass die Tiere nicht schon bei dieser Käfigdressur einem Stress ausgesetzt werden. Für ausreichend Futter und Wasser ist stets zu sorgen.

Haben sich die Tiere nun so weit an diese Umgebung gewöhnt, kann man die nächsten Schritte wagen. Man zeige sich in einem weißen Kittel und berühre sie vorsichtig mit einem Preisrichterstab; denn sie sollen lernen, dass hiervon keine Gefahr ausgeht. Mit einem Radio kann man die Tiere etwas an Geräusche und verschiedene menschliche Stimmen gewöhnen. Nur wenn sie begriffen haben, dass ihnen von all diesen Dingen keine Gefahr droht, werden sie sich auch auf der Schau ruhig gegenüber dem Preisrichter verhalten.

Bei einigen Rassen kann es von Vorteil sein, einige störende Federn zu entfernen. Man nennt dies Putzen. Das Ziel eines Züchters sollte aber sein, die Tiere züchterisch so zu beeinflussen, dass dies nicht erforderlich ist. Durch Zufüttern von Mais, Karotten oder Wurzeln kann man die Beinfarbe etwas beeinflussen, denn Karotten enthalten z. B. das auch für die gelbe Beinfarbe verantwortliche Karotin. Einen schönen Glanz des Gefieders bekommen die Tiere durch ölhaltige Sämereien. Da nichts ohne Nachteile ist, besteht durch Zufütterung von Mais oder ölhaltigen Sämereien leicht die Gefahr, dass die Tiere verfetten, was dann wiederum zur Einstellung der Legetätigkeit führt. Es erfordert also etwas „Fingerspitzengefühl“, um hier den goldenen Mittelweg zu finden.

58 | Ziel der meisten Züchter ist eine Ausstellungsbeteiligung. Vorher sollte aber das Präsentieren im Käfig ohne Stress für das Tier eingeübt werden.

Kamm, Kehllappen, Schnabel und die Läufe, einschließlich der Zehennägel, können durch Einreiben mit Babyöl in der Farbe aufgefrischt werden. In diesem Zusammenhang möchte ich aber nicht unerwähnt lassen, dass jegliches Färben oder Bleichen verboten ist und zum Ausschluss führt. Das Waschen der Beine, auch Läufe genannt, ist dagegen erlaubt und erwünscht. Es ist auch zu bedenken, dass saubere und gepflegte Tiere nicht nur auf den Preisrichter einen besseren Eindruck machen als ungepflegt erscheinende, sondern auch auf die Besucher der Schau. Wer Tiere auf einer Ausstellung ausstellen möchte, muss Mitglied eines Geflügel- oder Kleintierzuchtvereins sein.

Nur wer Mitglied in einem solchen Verein ist, wird die Voraussetzungen, die zur Beschickung der Schau erforderlich sind, erfüllen können. Eine weitere Notwendigkeit ist, dass alle Tiere, die ausgestellt werden sollen, mit einem Bundesring gekennzeichnet sein müssen. Diese Bundesringe bekommt nur der einem Verein angehörende Züchter von der für den jeweiligen Verein zuständigen Bundesringverteilerstelle.

Wer seine Tiere ausstellen möchte, muss dies bei der jeweiligen Ausstellungsleitung des Vereins, der die Schau durchführt, anmelden. Zu diesem Zweck gibt dieser Verein spezielle Anmeldebögen aus, welche dann ausgefüllt und bis zu dem angegebenen Meldeschlusstermin zurückzusenden sind. Auf einer Ausstellung dürfen auch nur vorschriftsmäßig gegen Newcastle-Krankheit geimpfte Tiere angenommen werden; die vom Tierarzt ausgestellten Impfbescheinigungen sind der Anmeldung beizufügen.

Jeder Aussteller sollte selbst darauf achten, dass er diese Bescheinigungen, spätestens beim Abholen der Tiere nach der Schau, wieder ausgehändigt bekommt.

Der Geflügeltransport

Für den Transport der Tiere gibt es im Fachhandel spezielle Transportkisten. Diese gewährleisten einen guten Transport zur Ausstellungshalle, ohne dass sich die Tiere die Schwanzfedern beschädigen. Letzteres ist nur dann gewährleistet, wenn die Kisten nicht überfüllt werden. Damit die Tiere den Transport gut überstehen, ist für eine ausreichende und zugfreie Belüftung zu sorgen. Besonders bei einem etwas weiteren Transport, der über mehrere Stunden dauert, ist darauf zu achten, dass alle Luftöffnungen frei sind. Besonders bei Sammeltransporten auf einem Anhänger mit Planen hat es schon Verluste gegeben, weil der Luftbedarf der Tiere unterschätzt wurde. Ist man sich nicht sicher, ob alle Tiere ausreichend Luft bekommen, ist es ratsam, nach einigen Kilometern anzuhalten und dies zu kontrollieren. Tote Tiere auf einem Transport müssen nicht sein und sind vermeidbar.

Es kommt trotzdem immer mal wieder, dass Geflügel beim Transport verendet, aus welchen Gründen auch immer. Oft wird dann wohl der Luftbedarf des Geflügels unterschätzt.

Im Fachhandel sind geeignete Geflügeltransportkisten erhältlich, die aber auch nicht mit zu vielen Tieren besetzt werden dürfen. Auf kurzen Strecken kann man zur Not mal ein paar Tiere mehr einsetzen, auf langen Strecken kann dies aber zu Verlusten führen.

Es werden aber nicht bei allen Transporten geeignete Transportkisten verwendet. Ist es einmal unumgänglich, dass ein einfacher Karton für den Transport genommen werden muss, sollte man ihn oben ganz offen lassen und nur mit einem Drahtgeflecht oder Ähnlichem abdecken. Wo dies nicht möglich ist, sind im oberen Bereich des Kartons rundherum Luftlöcher einzuschneiden. Es gilt hier der Grundsatz: Je mehr Tiere in die Kiste kommen, umso mehr Luftlöcher sind erforderlich. Sinnvoll ist es dann, die Tiere auf mehrere Kartons zu verteilen, damit sie nicht zu dicht sitzen müssen.

Auf längeren Fahrten, etwa zu einer Ausstellung, sollte man die Tiere im Innenraum des Pkw transportieren, so hat man sie besser unter Kontrolle und sie werden besser mit Sauerstoff versorgt als im Kofferraum.

Müssen die Tiere einmal auf einem Anhänger transportiert werden, sollten sie keine Zugluft bekommen. Dann muss unbedingt gewährleistet sein, dass die entstehende Atemluft der Tier abgeführt wird. Nach einigen Kilometern Fahrt sollte man den Zustand der Tiere überprüfen. Auf keinen Fall darf eine Plane ganz geschlossen werden, wenn viele Tiere transportiert werden.

Eine völlig andere Situation kann eintreten, wenn der Transport steht oder auf der Autobahn in einen Stau gerät. Besonders bei hohen Temperaturen kann es dann schnell zu lebensbedrohlichen Situationen für die Tiere kommen. In solchen Fällen muss man für weitere Luftzufuhr sorgen, denn häufig werden solche Situationen unterschätzt.

Ungeziefer

Ungeziefer der verschiedensten Arten ist oft die Ursache für die unbefriedigende Entwicklung des Junggeflügels oder den schlechten Gesundheitszustand der Alttiere. Das Aussehen der Tiere und die Legeleistung der Hennen können durch Ungeziefer sehr negativ beeinflusst werden. Insbesondere in den warmen Sommermonaten werden unsere Tiere vermehrt von Plagegeistern heimgesucht. Regelmäßige Kontrolle von Stall und Tieren ist daher unerlässlich.

Die am häufigsten vorkommenden Arten sind Rote Vogelmilbe, Federlinge, Hühnerflöhe und Kalkbeinmilben. Man bezeichnet diese an den Tieren lebenden Milben auch als Ektoparasiten.

Die Rote Vogelmilbe

Besonders in den warmen Sommermonaten können Rote Vogelmilben den Hühnern sehr zu schaffen machen. Sie sind die häufigste Ungezieferart in unseren Ställen und verursachen den größten Schaden von allen Ungezieferarten. Die Milben verkriechen sich am Tage in Ritzen an den Sitzstangen und um sie herum.

In der Nacht befallen sie die Tiere, um sich mit deren Blut vollzusaugen. Um das Auftreten der Roten Vogelmilben zu verhindern oder wenigstens in Grenzen zu halten, kann man bereits bei der Stalleinrichtung einige vorbeugende Maßnahmen treffen, die diesen Plagegeistern das Leben erschweren.

So sollten die Sitzstangen nicht festgenagelt werden, sondern nur lose in geeigneten Halterungen liegen. Auch sollten die Sitzstangen und deren Auflagen mit Holzschutzfarbe gestrichen werden. Die Farbe verschließt die Ritzen und nimmt so den Milben die Unterschlupfmöglichkeiten. Früher wurden die Sitzstangen mit Karbolineum gestrichen, dieses ist aber aus Umweltschutzgründen nicht mehr im Handel erhältlich. Aus demselben Grund kann das Streichen mit Altöl nicht empfohlen werden. Regelmäßiges Säubern (wöchentlich) der Sitzstangenauflagen mit einem Handfeger ist ebenfalls eine sehr gute Vorbeugemaßnahme. Zu erkennen ist der Befall mit Roten Vogelmilben am grauweißen Milbenkot an den Sitzstangen oder deren Umgebung. Fährt man morgens, wenn die Tiere die Sitzstangen verlassen haben, mit einem Messer oder Ähnlichem durch die Ritzen, hat man beim Vorhandensein von Milben Blutanhaftungen am Messer. Bei starkem Befall sind die Milben auch schon ohne Hilfsmittel erkennbar, wenn sie sich in Placken an der Unterseite der Sitzstangen anheften. Bei geringem Befall reicht es aus, wenn man abends vor dem Aufsitzen der Tiere auf die Sitzstangen jeweils im Abstand von etwa 5 cm einen Tropfen eines Präparates wie z. B. Aparasit oder Parasit-Ex auftropft. Durch die Körperwärme verdunstet das Mittel dann und geht direkt in die Federn. Die Milben werden dabei von den Dämpfen erfasst und vernichtet. In den Gebrauchsanweisungen einiger Präparate wird die Verteilung des Mittels auf dem Boden empfohlen. Dies ist aber nach meinen Erfahrungen nicht erforderlich und hilft wohl mehr dem Hersteller als den Tieren.

Bei starkem Befall sollte man die Sitzstangen und deren Umgebung mit einem Ungeziefermittel, das zum Ausspritzen vorgesehen ist, wie z. B. Mitex, besprühen. Bei der Bekämpfung der Roten Vogelmilbe ist zu bedenken, dass bei den meisten Bekämpfungsmitteln nur die Milben abgetötet werden, nicht aber deren Eier. Die Entwicklung der Eier ist stark von der Umgebungstemperatur abhängig. So schlüpfen die Larven bei einer Temperatur von etwa 24 °C bereits nach zwei Tagen. Ist es kühler, dauert es etwas länger. Die Behandlung ist also unbedingt vor der Geschlechtsreife der nächsten Milbengeneration zu wiederholen. Dies kann im günstigsten Fall schon nach 5½ Tagen der Fall sein. Als Alternative zu Spritzmitteln möchte ich das Abflammen mit einer Heißluftpistole oder einer Lötlampe nennen. Achten Sie dabei auf die Brandgefahr! Beim Abflammen werden wohl auch die Milbeneier abgetötet, eine nachhaltige Wirkung wie bei Spritzmitteln ist hierbei aber nicht zu erwarten.

Federlinge

Anders als die Rote Vogelmilbe halten sich Federlinge an den Tieren auf. Dort leben sie ständig und verlassen die Tiere auch am Tage nicht. Sie leben ausschließlich von Feder- und Hautschuppen, sie saugen also kein Blut. Die Eier der Federlinge werden in Form von Eipaketen an den Federkielen abgelegt. Zur Vorbeugung dient Sauberkeit im Stall und Einrichtung eines Staubbades. Zugekaufte Tiere oder Tiere, die von einer Schau zurückkommen, sollten vorbeugend mit Ungezieferpuder behandelt werden. Zweckmäßigerweise werden die Tiere dabei an den Beinen angefasst und von der Legebauchseite her eingepudert. Dabei den Puder gut in das Federkleid einreiben. Zum Schutz der Hände sind Handschuhe anziehen. Der Befall der Hühner mit Federlingen ist nicht immer gleich zu erkennen. Neu an das Tier gekommene Federlinge sind nur durch Zufall zu entdecken. Da sie mit dem bloßen Auge sichtbar sind, kann man sie unter Umständen auf der Haut laufen sehen. Sind die Federlinge jedoch schon einige Zeit auf den Tieren, kann man das Vorhandensein leicht an den abgelegten Eipaketen erkennen, die sich an den Federkielen in der Nähe des Afters befinden. Dazu hält man das Tier, wie schon beschrieben, an den Beinen und streift die Federn am Legebauch in Afternähe etwas auseinander. Sind Federlinge vorhanden, die schon Eier abgelegt haben, wird man diese leicht feststellen können.

Die Bekämpfung erfolgt durch Einpudern der Tiere mit Jacutinpuder oder Beträufeln der Sitzstangen mit einem Tropfmittel, wie unter Rote Vogelmilbe auch schon beschrieben. Das Einpudern jedes einzelnen Tieres ist aber effektiver.

Damit die noch aus den Eiern schlüpfenden jungen Federlinge auch abgetötet werden, ist eine Wiederholung der Behandlung mit einem Tropfmittel nach etwa 10 Tagen zu empfehlen.

Da Federlinge kein Blut saugen, sondern „nur" von Haut- und Federschuppen leben, sind sie nicht so gefährlich für die Tiere wie die Rote Vogelmilbe. Durch das ständige Krabbeln bekommen die Tiere aber keine Ruhe, was schließlich ebenfalls zu einer Beeinträchtigung der Tiere führt.

Hühnerflöhe

Eine weitere Ungezieferart sind Hühnerflöhe; sie halten sich, genau wie Rote Vogelmilben, nicht ständig an den Tieren auf, sondern überwiegend in den Nestern und anderen Unterschlupfmöglichkeiten.

Flöhe ernähren sich durch Blutsaugen. Die Hennen werden also, sobald sie das Nest betreten, regelrecht von den Flöhen überfallen. Bei starkem Befall kann es so weit kommen, dass die Hühner die Nester nicht mehr aufsuchen mögen. Hühnerflöhe legen ihre Eier in den Nestern ab, sie müssen also auch hier bekämpft werden. Regelmäßiges Säubern der Nester und gelegentliches Einpudern mit Ungezieferpuder ist bei Befall anzuraten. Ein aufmerksamer Züchter wird einen Flohbefall auch bald feststellen. Hühnerflöhe reagieren nämlich auf Wärme. Beim Eiersammeln kommt es daher nicht selten vor, dass Flöhe auf die warme Menschenhand überwechseln, wodurch man den Befall dann erkennen kann. So ist es ratsam, von Zeit zu Zeit die Hand in das Nest zu legen, um zu sehen, ob dies von Flöhen befallen ist. Die Bekämpfung ist ähnlich wie bei der Roten Vogelmilbe, nur dass hier ein besonderes Augenmerk auf die Nester zu legen ist. Gründliches Säubern des Stalles und der Nester sowie das Ausspritzen mit Mitex oder einem anderen wasserlöslichen Ungeziefermittel vernichtet diese Blutsauger. Vor dem Einstreuen sind die Nester leicht mit Ungezieferpuder einzupudern. Hierzu ist Jacutinpuder, aber auch z. B. in der Hundehaltung verwendeter Ungezieferpuder, geeignet. Es ist aber darauf zu achten, dass er nicht zu stark riecht und auch nicht mit den Eiern in Berührung kommt, damit diese keinen fremden Geschmack oder Geruch annehmen. Die Tiere sollten bei diesen Bekämpfungsmaßnahmen nicht im Stall verbleiben. Zweckmäßigerweise kann man dies am frühen Nachmittag eines schönen Sonnentages durchführen. Die Tiere werden, nachdem sie gelegt haben, in den Auslauf gesperrt. Bei guter Durchlüftung wird der Stall am Abend so weit trocken sein, dass die Tiere wieder hinein können. Da die meisten Ungeziefermittel nur das Ungeziefer selbst und nicht deren Eier vernichten, sind die Nester nach etwa 15 Tagen erneut zu säubern und einzupudern. Den Erfolg der Behandlung sollte man wiederholt kontrollieren.

Die Kalkbeinmilbe

Diese Milbenart befällt nur die Beine der Tiere. Sie leben dort unter den Beinschuppen, welche dann durch den Befall hochstehen.

Neben der gesundheitlichen Beeinträchtigung wird auch das Aussehen der Tiere sehr negativ beeinflusst.

Hält der Züchter aber den Stall sauber, so wird er mit Kalkbeinmilben keine Last haben. Sie kommen relativ selten vor. Zu erkennen sind sie an den abstehenden Beinschuppen. Die Bekämpfung gestaltet sich dagegen etwas schwieriger. Sie erfolgt durch Einweichen und Ablösen der befallenen Beinschuppen und Abtöten der Milben. Wirksame Bekämpfungsmittel sind nur beim Tierarzt erhältlich.

Um dem Befall von Ektoparasiten vorzubeugen, hat sich das Beträufeln der Sitzstangen mit einem Tropfmittel bestens bewährt. Regelmäßiges Beträufeln der Sitzstangen reicht oft schon aus, um einen Befall zu verhindern. Es ist aber, wie bei allen Chemikalien, darauf zu achten, dass man des Guten nicht zu viel tut. Man verfahre stets nach dem Grundsatz: So viel wie nötig, aber so wenig wie möglich. Eine genaue Angabe der Häufigkeit kann ich schwer nennen, da die Entwicklung der Milben sehr temperaturabhängig ist. In einem kühlen Jahr ist die Ansteckung mit Ektoparasiten daher auch wesentlich geringer, als dies in warmen Jahren der Fall ist.

Anmerkung:
Die Termine der Nachbehandlungen beim Milbenbefall wurden anhand der unterschiedlichen Entwicklungszyklen der verschiedenen Ungezieferarten festgelegt und sollten eingehalten werden. Die wissenschaftlichen Untersuchungen hierzu wurden durch veterinärmedizinische Institute durchgeführt.

Ratten und Mäuse

Weitere Schädlinge, die sich im Hühnerstall aufhalten können, sind Ratten und Mäuse. Besonders im Herbst, wenn die Felder abgeerntet sind, ziehen diese unerwünschten Mitbewohner in die Ställe und Häuser. Sie sollten auf keinen Fall geduldet werden und müssen sofort bekämpft werden. Nicht nur, dass sie sich schnell vermehren, sie können auch erheblichen wirtschaftlichen Schaden anrichten. Nicht zu unterschätzen ist auch die Gefahr, dass sie Krankheiten übertragen können.

Die Einwanderung dieser unerwünschten Nager ist nicht immer leicht zu erkennen. Wer aber genauer hinsieht, wird bei einem Befall bald den Kot der Tiere finden oder den Befall an durchgefressenen Futtersäcken erkennen. Auch kann man mitunter, wenn man mal zu ungewohnter Zeit und besonders leise in den Stall geht, die Mäuse oder Ratten laufen sehen. Ist Naturboden vorhanden, so sieht man auch die aufgewühlte Erde. Zu bekämpfen sind die Nager entweder durch Auslegen von Gift oder Aufstellen von Fallen. Es ist aber unbedingt darauf zu achten, dass man nicht die Hühner vergiftet. Um dies zu verhindern, hat sich eine Ratten-/Mäuse-Futterkiste gut bewährt. In dieser kann man das Gift auslegen oder auch die Falle aufstellen, ohne die Hühner zu gefährden.

Spatzen

Hat man Ärger mit Spatzen, die durch die Auslaufklappe in den Stall gelangen, helfen dünne Ketten, die in Abständen von etwa 2 cm senkrecht vor der Auslaufklappe angebracht werden.

Die wichtigsten Geflügelkrankheiten

Die nachstehenden Hinweise auf Krankheiten des Geflügels sollen dem Züchter nur Anhaltspunkt für eventuelle Gesundheitsbeeinträchtigungen sein. Es empfiehlt sich, insbesondere bei länger andauernden Erkrankungen, auf jeden Fall die Konsultation eines Tierarztes zur Stellung einer genauen Diagnose und der Einleitung einer gezielten Behandlung.

Zur Beachtung: Arzneimittel unterliegen vielfach Veränderungen. Auch kann es vorkommen, dass Mittel aus dem Verkehr gezogen werden oder durch neue mit umfangreicherem Wirkungsspektrum ersetzt werden. Dies gilt auch für Desinfektionsmittel. Die aktuell zugelassenen Mittel werden in der Desinfektionsmittelliste der Deutschen Veterinärmedizinischen Gesellschaft oder der DLG veröffentlicht.

Kokzidiose

Kokzidiose, auch Rote Kükenruhr genannt, ist eine weit verbreitete Seuche, die bei Küken hauptsächlich im Alter von zwei bis zehn Wochen auftreten kann.

Die Erreger sind mikroskopisch kleine Urtierchen (Kokzidien), die in Darmzellen schmarotzen. Infizierte Tiere scheiden dann mit dem Kot eine Dauerform dieser Kokzidien aus, die nach einigen Tagen der Reifung wieder ansteckungsfähig sind. Die Ansteckung erfolgt durch Aufnahme von infiziertem Futter oder Wasser. Optimale Bedingungen finden die Kokzidien in feuchtwarmer Umgebung, wie sie im Kükenstall um die Tränke herum entstehen können. Die ersten Anzeichen der Krankheit sind anfangs leicht hängende Flügel und rote Stellen im Kot. Mit zunehmendem Verlauf werden die Tiere dann immer schwächer. Die Flügel hängen fast bis zum Boden, das Gefieder ist struppig und der Allgemeinzustand wird zunehmend schlechter, bis die Tiere schließlich verenden. So weit muss es aber nicht kommen. Sobald die ersten Anzeichen auftreten, sollte man sich beim Tierarzt ein geeignetes Medikament holen, um die Krankheit zu heilen. Die im handelsüblichen Kükenfutter befindlichen Kokzidiostatika sind zwar in der Lage, die Krankheit hinauszuzögern und bis zu einem gewissen Grad auch zu verhindern, sie können den Ausbruch, bei günstigen Bedingungen für die Kokzidien, aber nicht unterbinden. Vorbeugende Maßnahmen sind: gründliche Desinfektion des Stalles vor dem Besetzen mit Küken; Trockenhalten der Einstreu, besonders um die Tränke herum; möglichst nicht in Ausläufe lassen, die zuvor von Althennen belaufen wurden; feucht gewordene Einstreu baldmöglichst durch trockene ersetzen. Bei der Desinfektion ist zu beachten, dass nur bestimmte Desinfektionsmittel in der Lage sind, Kokzidien abzutöten, wie z. B. Eimeran, Dekaseptol, Helasept und Ähnliche.

Mit einem Gasbrenner ist die Desinfektion ebenfalls möglich, hierbei ist aber besonders auf die Brandgefahr zu achten. Es gilt auch zu bedenken, dass sich Kokzidien in einem verseuchten Auslauf, je nach Witterung, über viele Monate hinweg lebens- und ansteckungsfähig erhalten. Empfindlich sind Kokzidien jedoch gegenüber Sonnenlicht; es vermag durch seine ultravioletten Strahlen die Kokzidien abzutöten. Es ist zu empfehlen, die Küken, besonders in den ersten vier Wochen, in einem guten Stall mit trockener Einstreu zu halten. Entfernt man dann noch täglich etwas Streu um die Tränke herum, werden die Küken, zur Freude des Züchters, gesund aufwachsen.

Schnupfen

Der ansteckende Geflügelschnupfen tritt, genau wie bei den Menschen auch, vorwiegend im Herbst und Winter auf. Erkranken können die Tiere sowohl durch Ansteckung als auch durch Umwelteinflüsse, welche das Immunsystem schwächen können. Bei nasskalter Witterung, wie sie im Herbst und Winter nun mal vorkommt, reicht oft schon etwas Zugluft, um die Erkrankung auszulösen. Es muss daher unbedingt darauf geachtet werden, dass die Tiere, besonders in der Nacht, keiner Zugluft, wie sie durch offene Fenster oder Ritzen in der Stallwand entstehen kann, ausgesetzt sind.

Auch der Transport zu einer Ausstellung kann den Ausbruch des Schnupfens begünstigen, wenn die Tiere in zu engen Käfigen transportiert werden. Es ist wichtig, beim Transport für geeignete und ausreichend belüftete Transportkäfige zu sorgen. Eine unzureichende Versorgung der Tiere mit Vitaminen, insbesondere mit Vitamin A, dürfte wohl sehr selten als Ursache in Betracht kommen, da im handelsüblichen Futter alle notwendigen Vitamine enthalten sind. Erste Anzeichen einer Schnupfenerkrankung sind häufiges Niesen und Röcheln der Tiere, was besonders abends, wenn die Tiere auf den Stangen sitzen, leicht zu hören ist.

Im Verlauf der Erkrankung tritt dann eine wässrige, später eitrige Flüssigkeit aus den Nasenlöchern aus. Die Tiere schlenkern mit dem Kopf, um den Nasenschleim loszuwerden. Aber auch Tränenfluss bis hin zu Schwellungen der Augen können auftreten. In diesen Stadien atmen die Tiere dann auch durch den Schnabel. Der ansteckende Geflügelschnupfen ist eine nicht zu unterschätzende Erkrankung, die unbedingt behandelt werden muss, da es sonst zu empfindlichen Verlusten kommen kann. Die

Behandlung ist aber problemlos, wenn sie rechtzeitig durchgeführt wird. Geeignete Medikamente, die meist über das Trinkwasser verabreicht werden können, hält der Tierarzt bereit.

Ist die Erkrankung erst einmal in einem Bestand aufgetreten, ist der gesamte Bestand zu behandeln. Eine Ausnahme kann sein, wenn man den Verdacht hat, dass sich einzelne Tiere auf einer Ausstellung angesteckt haben könnten. Diese Tiere sollten dann für wenigstens eine Woche, besser sind zwei, in Quarantäne gehalten werden, wo sie dann, im Falle einer Erkrankung, separat behandelt werden können. Erst nach völliger Genesung können sie wieder zu den anderen Tieren in den Stall gesetzt werden.

Infektiöse Bronchitis (I.B.)

Bei der Infektiösen Bronchitis handelt es sich um eine Erkrankung der Atmungsorgane mit sehr hohem Ansteckungsgrad, die durch ein Virus ausgelöst wird. Die Krankheit kann bei infizierten Tieren schon nach 18 bis 24 Stunden zum Ausbruch kommen. Die Aufnahme des Virus erfolgt meist durch die Atemwege; mit fortschreitender Erkrankung befällt es dann die gesamten Atmungsorgane, auf denen es sich rasch vermehrt. Die ersten Erkennungszeichen der I. B. sind vor allem Piepsen und Röcheln sowie Atmung mit geöffnetem Schnabel. Die Tiere schnappen förmlich nach Luft und man hört das Pfeifen der Luft durch die verstopften Atmungsorgane. Dies ist besonders abends, wenn die Tiere zur Ruhe gekommen sind, deutlich zu hören.

Bei Küken kommt es auch zu Nasenausfluss und geschwollenen Augen. Bei Althennen kommt dieser Nasenausfluss in der Regel nicht vor, dafür können bei Althennen aber die Eierstöcke in Mitleidenschaft gezogen werden, was sich wiederum sehr negativ auf die Legeleistung auswirkt. Nicht jedes Niesen der Tiere bedeutet eine Erkrankung mit I. B. Eine sichere Diagnose ist jedoch nur durch eine fachkundige Untersuchung möglich. Zur Behandlung der Infektiösen Bronchitis gibt es wirksame Medikamente, mit deren Hilfe die Krankheit auch rasch geheilt werden kann. Handelt es sich um einen größeren Bestand oder sehr wertvolle Tiere, so ist es ratsam, ein Tier zur Untersuchung an ein Veterinäruntersuchungsamt zu senden und auch ein Diagramm erstellen zu lassen. In diesem Diagramm ist dann angegeben, welche Medikamente wirksam eingesetzt werden können. Nach erfolgter Ausheilung der Krankheit sind die Ställe und Gerätschaften aber wiederholt mit einem wirksamen Desinfektionsmittel zu desinfizieren.

Um die Tiere vor Neuansteckung zu schützen, sollten sie regelmäßig gegen I. B. geimpft werden. Diese regelmäßigen Impfungen sollten einige Jahre beibehalten werden; es ist aber nicht erforderlich, sie auf Dauer durchzuführen. Wenn die Tiere in einem ausreichend belüfteten und trockenen Stall gehalten werden, ist ein Neuausbruch eher unwahrscheinlich. Lediglich bei einer andauernden und erhöhten Ansteckungsgefahr sollte man über eine jährliche Impfung nachdenken. Bei der Impfung gegen Infektiöse Bronchitis ist unbedingt darauf zu achten, dass geimpfte Tiere nicht mit ungeimpften Tieren zusammenkommen, denn anders als bei anderen Impfungen können die gegen I. B. geimpften Tiere ungeimpfte Tiere anstecken.

Pullorum (Weiße Kükenruhr)

Die Pullorumseuche ist eine weitaus gefährlichere Krankheit als die Rote Kükenruhr. Die Ansteckung erfolgt meist schon im Brutei. Die Bekämpfung gestaltet sich sehr schwierig und ist langwierig. Bei Küken verläuft die Erkrankung meist sehr verlustreich. Durch rigorose Bekämpfung und Ausmerzung erkrankter Tiere konnte die Seuche jedoch erheblich zurückgedrängt werden, sodass sie heute in einem ordentlich geführten Betrieb nur noch eine untergeordnete Rolle spielt.

Es besteht aber auch heute noch die Gefahr, dass die Seuche mit zugekauften Althennen, Küken oder Bruteiern eingeschleppt wird. Überträger können sowohl Hennen als auch Hähne sein. Infizierten Alttieren sieht man die Erkrankung zunächst nicht an. Auch enthalten nicht alle gelegten Eier das Bakterium Pullorum.

Von den infizierten Bruteiern schlüpfen nur wenige Küken. Diese scheiden jedoch mit dem gelblich weißen Kot massenhaft Erreger aus. Es genügt manchmal ein einziges erkranktes Küken, um innerhalb weniger Tage den gesamten Schlupf anzustecken. Die Verluste sind in den ersten Tagen sehr hoch. Tiere, die die Erkrankung überstehen, bleiben aber Keimträger und geben diese dann fortwährend an ihre Umgebung und ihre Nachkommen ab. Es entsteht ein Teufelskreis, der nur durch drastische Maßnahmen durchbrochen werden kann. Eine sichere Diagnose der Krankheit kann nur durch Einschicken eines verendeten oder erkrankten Tieres an eine geeignete Untersuchungsstelle, z. B. eine tiermedizinische Hochschule, erstellt werden.

Die Krankheit ist nur in Zusammenarbeit mit einem Tierarzt unter Kontrolle zu bringen. Hat man bei zugekauften Bruteiern einen sehr schlechten Schlupf mit vielen abgestorbenen Embryonen, sollte man hellhörig werden und den weiteren Verlauf genau beobachten. Die geschlüpften Küken zeigen alsbald nach dem Schlupf die ersten Krankheitsanzeichen, wie hängende Flügelchen und mit weißem Kot verklebte After.

Die Weiße Kükenruhr wurde aber, wie schon ausgeführt, durch geeignete Maßnahmen sehr zurückgedrängt, sodass sie nicht mehr die Rolle spielt, die sie noch vor wenigen Jahrzehnten spielte. Ausgerottet ist sie allerdings nicht, sodass eine Einschleppung in einen gesunden Bestand auch heute noch möglich ist. Jeder einzelne Züchter kann aber dazu beitragen, dass diese gefährliche Krankheit weiter zurückgedrängt wird. Sauberkeit der Ställe und Ausläufe sowie der Futter- und Trinkgefäße ist hierbei schon eine entscheidende Hilfe. Desinfektion der Ställe und Einrichtungsgegenstände nach jedem Durchgang ist eine weitere Maßnahme, die Krankheit unter Kontrolle zu halten. Da der Erreger der Weißen Kükenruhr, das Bakterium Pullorum, nicht so widerstandsfähig ist wie Kokzidien, kann er mit jedem guten Desinfektionsmittel abgetötet werden.

Newcastle-Krankheit (Atypische Geflügelpest)

Die Geflügelpest oder besser gesagt die Newcastle-Krankheit ist eine anzeigepflichtige Seuche, die sehr ansteckend ist und sehr verlustreich verlaufen kann. Haben sich die Tiere erst einmal mit dem Virus infiziert, bricht die Krankheit meist innerhalb weniger Tage aus und es können innerhalb von 48 bis 72 Stunden 80 Prozent der Tiere verenden. Die Krankheit wird durch ein Virus hervorgerufen, das unter anderem von erkrankten Tieren ausgeschieden wird und sehr ansteckungsfähig ist. Die Lebensfähigkeit des Erregers beträgt aber zum Glück nur wenige Wochen oder Monate. Anders verhält sich das Virus aber in der Kälte, durch sie wird es konserviert.

Die Gefahr der Einschleppung besteht folglich bei gefrorenem Geflügel. Für den Menschen besteht durch infiziertes Geflügel aber keine überhöhte Gefahr, sofern die gebräuchlichen Hygienemaßnahmen nicht völlig außer Acht gelassen werden.

Anders verhält es sich bei unserem Geflügel, dieses kann durch eingeschleppte Erreger sehr wohl infiziert werden, was dann auch zum Ausbruch der Krankheit führen kann. Um dies zu vermeiden, sollten keine Abfälle von fremdem Geflügel oder Eier an die eigenen Tiere verfüttert werden.

Von der Newcastle-Krankheit können alle hühnerartigen Vögel wie Hühner, Fasanen, Perlhühner, Pfauen, Puten usw. befallen werden. Wassergeflügel ist dagegen nicht so gefährdet, immun gegen die Krankheit ist es aber auch nicht. Es ist anzuraten, insbesondere bei ausländischem, tiefgefrorenem Geflügel bei der Zubereitung unbedingt auf die üblichen Hygienemaßnahmen zu achten. Kommt z. B. infizierte Flüssigkeit in die Augen, so kann dies zu einer Bindehautentzündung führen und im weiteren Verlauf auch die Atemwege befallen, was wiederum zu grippeartigen Symptomen führen kann. Diese Aussage bezieht sich aber, wohlgemerkt, nur auf unbehandelte Produkte; sind diese erst einmal erhitzt worden, sind die Viren abgetötet und es besteht keinerlei Gefahr mehr, weder für die Menschen noch für die Tiere. Über eine Heilung zu referieren halte ich angesichts der bestehenden gesetzlich vorgeschriebenen Impfpflicht für alle Hühnerbestände nicht für erforderlich. Die Impfung gegen Newcastle muss in der Regel in Abständen von drei Monaten wiederholt werden. Sie ist von einem Tierarzt durchzuführen und wird über das Trinkwasser verabreicht.

Durch diese flächendeckenden Impfungen ist die Newcastle-Krankheit in Deutschland keine Gefahr mehr. Der Tierarzt fertigt über die erfolgte Impfung eine Bescheinigung aus, die aufzubewahren ist und auf Verlangen den zuständigen Behörden vorgelegt werden muss. Auch wird die Vorlage dieser Bescheinigungen auf Ausstellungen und Tiermärkten verlangt. In der Geflügelpest-Verordnung ist vorgeschrieben, dass Tierverluste von mehr als 2 Prozent innerhalb 24 Stunden oder von mehr als drei Tieren in Kleinbeständen von bis zu 100 Tieren sowie erhebliche Veränderungen der Legeleistung oder der Gewichtszunahme unverzüglich durch einen Tierarzt abzuklären sind.

Die Klassische Geflügelpest (Vogelgrippe)

Noch vor wenigen Jahrzehnten glaubte man, dass die Klassische Geflügelpest ausgerottet sei, was sich jedoch als Trugschluss herausstellte, wie die jüngste Entwicklung zeigt.

In letzter Zeit kommt es immer wieder zu gefährlichen Ausbrüchen dieser Krankheit. Nach meiner Einschätzung werden diese Ausbrüche, die bisher überwiegend in asiatischen Ländern stattfanden, durch die dortigen klimatischen Verhältnisse und die vorwiegend schlechten Haltungsbedingungen des Geflügels begünstigt.

Trotz radikaler Maßnahmen, wie Tötungen ganzer Bestände, ist es sehr schwer, die Krankheit aufzuhalten, da das Virus sehr ansteckungsfähig ist und auch durch den infizierten Kot der Zugvögel verbreitet werden kann. Aus diesem Grunde wurden von den hiesigen Veterinärbehörden zu bestimmten Zeiten vorbeugende Maßnahmen zum Schutz des hiesigen Geflügels ergriffen. Diese umfassen meist ein Verbot der Freilandhaltung für einen von der Veterinärbehörde festgelegten Zeitraum. Wo dies nicht möglich erscheint, können in Zusammenarbeit mit dem örtlichen Veterinäramt Ausnahmeregelungen getroffen werden.

Anders als bei der ebenfalls als Geflügelpest bezeichneten Newcastle-Krankheit wird die Klassische Geflügelpest durch ein Influenzavirus hervorgerufen. Aus diesem Grunde bezeichnet man diese Krankheit auch als Vogelgrippe. Von der Klassischen Geflügelpest können nicht nur Hühnervögel, sondern auch alle anderen Vögel, ja sogar andere Haustiere, wie z. B. Katzen, in unterschiedlicher Intensität befallen werden. Auch beim Menschen kann es zu einer Ansteckung mit Vogelgrippe kommen, wobei es sich um eine leichte bis schwere Grippe handelt, die schlimmstenfalls tödlich endet.

Die Symptome der Klassischen Geflügelpest sind ähnlich denen der Newcastle-Krankheit. Beide Formen erfassen sehr schnell den gesamten Bestand und dann kommt es zu großen Verlusten.

Hat die Krankheit erst einmal einen Bestand erfasst, so gibt es keine Heilung. Alle Tiere müssen getötet werden.

Auch für die Klassische Geflügelpest besteht Anzeigepflicht. In der Geflügelpest-Verordnung ist vorgeschrieben, dass Tierverluste von mehr als 2 Prozent innerhalb 24 Stunden oder von mehr als drei Tieren in Kleinbeständen von bis zu 100 Tieren sowie erhebliche Veränderungen der Legeleistung oder der Gewichtszunahme unverzüglich durch einen Tierarzt abzuklären sind. Eine Impfung gegen die Klassische Geflügelpest ist aus verschiedenen Gründen nicht sinnvoll und ist aus diesen veterinärmedizinischen Gründen momentan in der Bundesrepublik nicht geplant.

Ausdrücklich betonen möchte ich, dass die vorgeschriebene Impfung gegen die Newcastle-Krankheit nicht vor der Klassischen Geflügelpest schützt, da es sich um zwei völlig verschiedene Erreger handelt.

Weitergehende Informationen zur Vogelgrippe

Wie im Kapitel Klassische Geflügelpest bereits beschrieben, handelt es sich bei der Vogelgrippe um eine sehr ansteckende Viruserkrankung, die auch für den Menschen bedrohlich sein kann. Eine Übertragung von Mensch zu Mensch wurde bisher noch nicht beobachtet, wohl aber durch infiziertes Geflügel auf den Menschen, mit den bekannten Folgen. Auch der Kontakt mit gefrorenem Geflügel kann zur Ansteckung führen, da das Virus beständig ist gegen Kälte. Die Übertragung kann sowohl mit der Nahrungsaufnahme als auch über Schleimhäute, Wunden usw. erfolgen.

Geflügelabfälle sind so zu beseitigen, dass sie nicht mehr mit Menschen oder Tieren in Kontakt kommen können. Es ist unerlässlich, dass man sich nach jedem Kontakt mit Geflügel die Hände gründlich mit Seife oder einem anderen Desinfektionsmittel wäscht. Von erhitztem Geflügelfleisch geht dagegen keine Gefahr mehr aus, da bei Hitze das Virus relativ schnell abgetötet wird.

Damit unser Geflügel aber erst gar nicht mit der Krankheit infiziert wird, werden von den Regierungen geeignete Maßnahmen ergriffen, um eine Ansteckung zu verhindern. Diese Maßnahmen sind unter anderem eine Stallpflicht für Geflügel mindestens zu Zeiten des Vogelzuges. Es muss davon ausgegangen werden, dass Zugvögel das Virus aus Ländern, in denen die Vogelgrippe ausgebrochen ist, über ihren Kot verbreiten können. Es reicht nach meiner Meinung aber nicht aus, die Tiere nur im Stall zu halten, es sollten auch noch weitergehende Hygienemaßnahmen durchgeführt werden. Besonders dann, wenn zu vermuten ist, dass eine erhöhte Gefahr besteht, mit Vogelkot in Berührung zu kommen.

Jeder wird sich vorstellen können, dass infizierter Vogelkot, der an die Schuhe gelangt, leicht in den Stall und damit auch zu den Tieren geschleppt werden kann. Das Aufstellen von Desinfektionswannen gleich hinter der Stalltür oder auch das Wechseln der Schuhe beim Betreten des Stalles können somit zusätzliche Sicherheit bringen.

Leukose

Die Leukose ist eine bei Hühnern weit verbreitete Krankheit, die auch immer mal wieder auftreten kann, aber meist nur im ersten Lebensjahr. Der Verlauf ist eher schleichend. Als äußeres Erscheinungsbild sind nachlassende Fresslust, Durchfall, Abmagerung sowie ein blasses Gesicht zu beobachten.

Innerlich ist eine stark vergrößerte, mit hellen Flecken durchsetzte Leber festzustellen. Auch Veränderungen am Herzen sind zu erkennen. Eine Heilung der Krankheit ist bisher nicht möglich.

Leider gibt es nur zwei Möglichkeiten, mit dieser Erkrankung fertig zu werden: einmal das Ausmerzen des befallenen Bestandes, um dann mit neuen, gesunden Tieren wieder anzufangen, oder, wenn es sich um einen besonders wertvollen Bestand handelt, nur die sichtbar erkrankten Tiere auszumerzen. Eine strenge Beobachtung des Bestandes ist unerlässlich.

Bruteier sollte man nur von mehrjährigen Hennen nehmen. Diese Eier sind dann auch zu desinfizieren (Begasen in der Maschine oder kurzes Tauchen in geeignete Desinfektionslösung). Das Umstallen oder Zusammenbringen von Tieren aus einem befallenen Bestand sollte tunlichst vermieden werden. Hat man einen Stall geleert, ist er vor dem Neubesetzen gründlich zu säubern und zu desinfizieren.

Marek'sche Geflügellähme

Die Marek'sche Geflügellähme war noch vor wenigen Jahrzehnten eine unter den Geflügelzüchtern gefürchtete und weit verbreitete, ansteckende Geflügelkrankheit. In der heutigen Zeit hat sie ihren Schrecken aber verloren, da es mittlerweile wirksame Impfstoffe gegen diese Krankheit gibt und die meisten Brütereien ihre Küken auch impfen. Ferner wird auf strenge Einhaltung der Hygienemaßnahmen geachtet, die u. a. auch die regelmäßige Desinfektion aller Geräte beinhaltet. Infolgedessen tritt die Marek'sche Geflügellähme nur noch sehr selten auf.

Sie kommt meist nur im Junghennenalter vor. Die erkrankten Tiere liegen dann gelähmt und hilflos auf dem Boden, ein Bein nach vorn und das andere nach hinten gestreckt. Da die Tiere in der Nahrungsaufnahme stark behindert sind, magern sie meist auch sehr schnell ab. Sind die Tiere erst einmal mit der Krankheit befallen, ist eine Heilung nicht mehr möglich. Die Tiere müssen getötet werden.

Als Vorbeugung sollten die üblichen Hygienemaßnahmen beachtet werden. Werden Bruteier zugekauft oder fremde Bruteier mit in die Brutmaschine eingelegt, sollten diese einer Desinfektion unterzogen werden. Ein gutes, gegen Viren wirkendes Desinfektionsmittel reicht hierbei völlig aus. Da es sich herausgestellt hat, dass nicht alle Stämme gleichermaßen von der Marek'schen Geflügellähme befallen werden, ist eine strenge Auslese unerlässlich. Ein Nachziehen von Stämmen, die zu dieser Krankheit neigen, ist zu vermeiden. Werden die üblichen Hygienemaßnahmen beachtet, wird man im Allgemeinen mit dieser Krankheit nichts zu tun haben. Tritt sie dennoch vermehrt auf, so ist es unumgänglich, in Zukunft die Küken impfen zu lassen. Diese Impfungen sollten dann einige Jahre durchgeführt werden. Für den Hobbyzüchter fallen dabei naturgemäß höhere Kosten an, als dies bei einem größeren Tierbestand der Fall ist, zumal diese Impfung nicht über das Trinkwasser erfolgen kann. Wegen der Durchführung spreche man aber am besten mit seinem Tierarzt.

Einsendungen an ein Veterinäruntersuchungsamt

In gewissen Situationen kann es angebracht sein, ein erkranktes Tier zwecks Feststellung der Erkrankungsursache und Behandlungsmöglichkeit an ein Veterinäruntersuchungsamt zu senden.

In der Regel wird eine bakteriologische Untersuchung ausreichend sein.

In der Bundesrepublik gibt es mehrere Untersuchungsämter, deren Adressen u. a. im „Grünen Jahrbuch", erhältlich beim Verlag Oertel+Spörer, Postfach 16 42, 72706 Reutlingen, aufgeführt sind oder auch aus dem Internet herausgesucht werden können. Es ist anzuraten, sich bezüglich der Kosten vorher zu informieren. Da der Transport eines lebenden Tieres sehr teuer ist, bleibt alternativ nur die Übersendung eines getöteten oder gestorbenen Tieres.

Das getötete oder gestorbene Tier sollte möglichst frisch eingeschickt werden, damit es noch nicht in Verwesung übergegangen ist. Aus diesem Grund sollte der Versand auch vorzugsweise zu Wochenbeginn erfolgen, damit das Tier gleich nach dem Eintreffen untersucht werden kann. Bei sehr warmem Wetter ist eine isolierende Verpackung zu wählen, in die man noch etwas Eis geben sollte. Das tote Tier ist in einer Kunststofftüte außerdem wasserdicht zu verpacken, damit eventuell austretende Flüssigkeit nicht nach außen dringen kann und das Paket andererseits auch nicht durch Schmelzwasser nass werden kann. Das Ganze kann dann als Paket versandt werden.

Dem Paket ist ein Schreiben mit der genauen Adresse und Telefonnummer des Absenders sowie eine möglichst genaue Beschreibung des Krankheitsbildes beizufügen: Alter des Tieres, Dauer der Erkrankung, Zeitpunkt des Todes, Einzeltiererkrankung oder Bestandserkrankung, Anzahl weiterer erkrankter Tiere. Wurden die Tiere schon mit einem Medikament behandelt? Wenn ja, mit welchem. Wurden die Tiere geimpft und womit? Ferner sollte angegeben werden, ob das Tier getötet wurde oder eingegangen ist.

Ist die Erkrankungsursache bekannt, kann die Krankheit in vielen Fällen erfolgreich behandelt werden. Besteht die Gefahr, dass die Tiere zu einem späteren Zeitpunkt erneut erkranken könnten, so wird in den meisten Fällen die Einsendung einer Kotprobe ausreichend sein.

Darmparasiten unserer Hühner

Darmparasiten oder auch allgemein als Würmer bekannt, sind bei unseren Hühnern weit verbreitet; ihre regelmäßige Bekämpfung ist daher unerlässlich.

In unseren Hühnern können verschiedene Wurmarten parasitieren, von denen wiederum nur die Spulwürmer mit dem menschlichen Auge sichtbar sind. Der Befall mit Bandwürmern, Haarwürmern, Magenwürmern und Pfriemenschwänzen ist dagegen äußerlich nicht feststellbar, jedenfalls nicht bei leichtem Befall. Starker Wurmbefall ist dagegen schon am äußeren Erscheinungsbild der Hühner erkennbar. So wirkt das Gesicht der Tiere eingefallen und spitz, der Kamm ist klein und wirkt trocken, ebenso die Kehllappen. Die Tiere kümmern und magern ab bzw. sie nehmen nicht zu. Nicht selten kann starker Wurmbefall zum Tode der befallenen Tiere führen.

Der durch Wurmbefall verursachte Schaden kann beträchtlich sein und wird leider allzu oft unterschätzt. Auch können unsere Tiere schon im frühen Kükenalter von Würmern befallen werden. Diese Gefahr ist immer dort gegeben, wo es den Küken möglich ist, Wurmeier durch den Schnabel aufzunehmen wie z. B. in einem mit Wurmeiern kontaminierten Auslauf.

Ein Blick auf den Nachtkot kann über den Befall mit Spulwürmern Auskunft geben. Bei genauem Hinsehen erkennt man diese als gelblich weiß gewellte Fäden von knapp einem Millimeter Dicke und 4 bis 8 cm Länge. Man sollte sich aber nicht in Sicherheit wiegen, wenn man keine Würmer feststellt. Völlig wurmfreie Bestände sind wohl sehr selten. Daher ist es anzuraten, regelmäßige Wurmkuren durchzuführen. Liegt keine besondere Dringlichkeit vor, so reicht es aus, wenn die erste Wurmkur kurz vor Legebeginn bzw. in einem Alter von 18 bis 20 Wochen, durchgeführt wird.

Ob danach noch weitere – in Abständen von einigen Monaten – durchzuführen sind, hängt vom Zustand der Tiere und den äußeren Bedingungen ab. Da es vorkommt, dass ein Tier geschlachtet werden muss oder verendet, sollte man sich nicht scheuen, einmal einige Därme aufzuschlitzen, um nach Spulwürmern zu suchen. Eine weitere Möglichkeit ist, etwas Nachtkot zur Untersuchung an eine Veterinäruntersuchungsstelle zu senden. Auf diese Weise kann man wertvolle Hinweise über den Gesundheitszustand der Tiere erhalten.

Die Durchführung einer Wurmkur ist recht einfach und erfolgt entweder über das Trinkwasser oder über das Futter, indem das Medikament im vorgeschriebenen Verhältnis dem Trinkwasser oder dem Futter beigemischt wird. Ist es erforderlich, eine Wurmkur bei legenden Hennen durchzuführen, sollte man darauf achten, dass man ein Medikament bekommt, bei dem keine Wartezeiten bezüglich des Verzehrs der Eier einzuhalten sind. Anderenfalls sind die Eier innerhalb dieser Wartezeit zu vernichten. Als Bruteier können sie jedoch verwendet werden.

Es ist gut zu wissen, dass auch nach einer Wurmkur noch ansteckungsfähige Wurmeier in der Umgebung der Tiere vorhanden sein können. Die befallenen Tiere scheiden mit ihrem Kot laufend Wurmeier aus. Diese Wurmeier sind sehr widerstandsfähig gegen die allgemein gebräuchlichen Desinfektionsmittel. Im Auslauf befindliche Wurmeier können jedoch durch Sonneneinstrahlung abgetötet werden. Um den Wurmbefall möglichst gering bzw. unter der Schadgrenze zu halten, sollten gewisse Vorbeugemaßnahmen beachtet werden.

Diese sind im Einzelnen:

Vor jeder Neubesetzung ist der Stall gründlich zu säubern und mit einem gegen die Wurm-Art und die -Eier wirksamen Desinfektionsmittel auszuspritzen.

Abflammen mit einem Gasbrenner ist ebenfalls wirksam. Man beachte aber die Brandgefahr, die damit verbunden ist.

Die Ausläufe sind möglichst trocken zu halten und eventuell mit Brandkalk zu behandeln.

Hühnermüde Ausläufe sollten umgegraben und neu mit Gras eingesät werden.

Je nach Lage der Dinge ist zu überlegen, ob man im Abstand von etwa einer Woche nach der Wurmkur einen Vitaminstoß gibt.

Informationen über Rechtsvorschriften für Geflügelzüchter bzw. -halter

Die unter 1. bis 3. aufgeführten Verordnungen gelten für alle Tierhalter, unabhängig von Art und Größe des Bestandes.

1. Impfpflicht gemäß § 7 Geflügelpest-VO

Der Besitzer eines Hühner- und Truthühnerbestandes hat seine Tiere in den vorgeschriebenen Abständen, in der Regel alle drei Monate, gegen Newcastle-Krankheit (Atypische Geflügelpest) impfen zu lassen. Über die durchgeführte Impfung stellt der Tierarzt eine Bescheinigung aus, die aufzubewahren und auf Verlangen den zuständigen Behörden vorzulegen ist.

2. Bestandsbuch gemäß § 2 Geflügelpest-VO

Wer Geflügel hält, hat ein Register zu führen, indem alle Zu- und Abgänge* zu dokumentieren sind.

Datum, Name des Verkäufers, eventuell Transportunternehmen, Art des Geflügels.

Werden mehr als 100 Stück Geflügel gehalten, so muss an jedem Werktag die Zahl der verendeten Tiere vermerkt werden.

(* = Geschlachtet und im eigenen Haushalt verwendet oder verendet)

3. Bestandsbuch (Medikamentenbuch) gemäß „Verordnung über Nachweispflichten für Arzneimittel, die zur Anwendung bei Tieren bestimmt sind“:

(1) Wer Tiere hält, die der Gewinnung von Lebensmitteln dienen, hat über Lieferanten, Art und Menge der von ihm bezogenen, zur Anwendung bei Tieren bestimmten Arzneimittel Nachweis zu führen. Satz 1 gilt nicht für Arzneimittel, die für den Verkehr außerhalb der Apotheken freigegeben sind.

Die Nachweispflicht besteht unabhängig von Bestandsgröße und Verwendung der Lebensmittel, also auch wenn sie nur für den Eigenverbrauch bestimmt sind.

Das Bestandsbuch hat folgende Angaben zu enthalten:

- Anzahl, Art und Identität der behandelten Tiere,
- Standort der behandelten Tiere zum Zeitpunkt der Behandlung und in der Wartezeit,
- Bezeichnung des angewendeten Arzneimittels, Nummer des tierärztlichen Arzneimittel-Anwendungs- und -Abgabebelegs gemäß § 13 Abs. 1 Satz 2 der Verordnung über tierärztliche Hausapotheken,
- Art der Verabreichung und verabreichte Menge des Arzneimittels,
- Datum der Anwendung und Nachbehandlungen,
- Wartezeiten in Tagen,
- Name des Arzneimittels und der anwendenden Person.

Die Angaben nach Satz 2 Nr. 1 und 2 erfordern eine so genaue Erfassung der behandelten Tiere, dass eine Bestimmung der Einzeltiere oder der Tiergruppe und deren Standort, bis hin zur kleinsten gemeinsam behandelten Einheit, unmittelbar möglich ist. Standortveränderungen sind während der Behandlungs- und Wartezeit ebenfalls zu dokumentieren.

Der Halter von Tieren hat das Bestandsbuch zusammen mit den entsprechenden Arzneimittel-Anwendungs- und -Abgabebelegen gemäß § 13 Abs. 1 Satz 2 der Verordnung über tierärztliche Hausapotheken fünf Jahre, beginnend mit dem Zeitpunkt der letzten Eintragung, aufzubewahren. Es ist der zuständigen Behörde und dem bestandsbetreuenden Tierarzt auf Verlangen vorzulegen.

Bei dem oben angeführten Text handelt es sich um Auszüge bzw. von mir gekürzte und interpretierte Texte, der Verordnungen (Stand Frühjahr 2006). Auskunft über die aktuellen Rechtsvorschriften können aber, unter Berufung auf die oben aufgeführten Verordnungen, bei jedem Veterinäramt eingeholt werden.

Literaturverzeichnis

Bauer, Heinrich und Zimmermann, Paul: Verhütung und Bekämpfung von Geflügelkrankheiten. Verlag Eugen Ulmer, Stuttgart.

Muskator-Werke: Muskator-Geflügelbuch. Hrsg.: Bergisches Kraftfutterwerk, Hermann Schmidt Komm.-Ges., Düsseldorf-Hafen.

Pfenningstorff, Fritz: Unser Hausgeflügel, Teil 1. Verlag Fritz Pfenningstorff, Berlin.

Römer, Richard R.: Nutzbringende Geflügelwirtschaft. Verlag Eugen Ulmer, Stuttgart.

Sperl, Theodor: Hühnerzucht für jedermann. Oertel+Spörer, Reutlingen.

Stach, Günter: Geflügelställe und Ausläufe. Verlag Oertel+Spörer, Reutlingen.

Ulmer Verlag: Verhütung und Bekämpfung der Geflügelkrankheiten. Verlag Eugen Ulmer, Stuttgart.